JN079560

技術士 第一次 第二次 試験

「電気電子部門」

受験必修テキスト

福田 遵 著

第4版

日刊工業新聞社

はじめに

　平成17年春に本著の初版を出版しましたが，その頃は，技術士第二次試験でも必須科目で択一式問題が出題されるとともに，技術士第一次試験でも5つの選択科目から問題が均等に出題されていました。一方，技術士試験で出題されていた強電分野から弱電分野までの広い範囲を網羅した書籍は存在していなかったため，本著は技術士試験における電気電子部門で勉強すべき内容の指針を示す資料として多くの受験者に愛用していただきました。また，当時は口頭試験でも専門知識に関する試問があり，本著の内容を勉強していれば解答できる内容が多く試問されていました。その後，第一次試験は大学卒業程度の内容に限定されたこともあり，電気応用の内容が中心の試験になっていきました。また，第二次試験は必須科目が記述式問題になったのちに，再度択一式問題に戻るなどの変遷をしていますし，口頭試験も人物の資質を試す試験になり，専門知識に関する試問はなくなりました。そういった試験制度の変更のたびに，本著は改訂版を出版し，技術士試験で出題される可能性が高い内容を説明するように変化してきました。

　令和元年度試験からは，技術士第二次試験の必須科目で出題されていた択一式問題が記述式に変更されましたし，選択科目で出題される内容も一部修正されましたので，新しい試験制度に合わせるために，第4版への改訂を行うことになりました。

　第一次試験の対策として利用される場合には，当然，第2章の電気応用の内容を手始めに，第3章の電子応用や第4章の情報通信の内容まで拡大して勉強してもらうことで知識はつくと思います。それに加えて，著者が出版している『技術士第一次試験「電気電子部門」択一式問題200選』を使って実際の問題を解答してみると，合格するだけの実力がつくと考えます。

　また，第二次試験に対しては，本著は，選択科目（Ⅱ-1）で出題される専門

知識問題で出題される内容を中心に説明していますので，応用能力問題が問われる選択科目（Ⅱ-2）や，問題解決能力及び課題遂行能力が問われる選択科目（Ⅲ）と必須科目（Ⅰ）については，別の勉強が必要となります。なお，第二次試験の専門知識問題として出題される内容は，電気応用などの他の章で説明されている事項が，電力エネルギーシステムや電気設備などの選択科目で出題されていますし，電子応用で説明されている内容が，情報通信で出題されるなど，受験する選択科目の章に限定せず，広く勉強する必要がある点は認識しておいてください。選択科目（Ⅲ）や必須科目（Ⅰ）については，著者は『例題練習で身につく技術士第二次試験論文の書き方』を出版していますので，本著で得た技術内容を試験委員に理解してもらえる論文として仕上げることができるよう，こちらも活用してもらえればと考えます。

　試験対策として過去問題を勉強することは重要ですが，それに加えてテキストを使って勉強するというのが基本的な試験対策であるのはどの試験でも同じです。そういった点から，技術士試験の電気電子部門では唯一のテキストである本著は，試験制度の変更に合わせて，常に進化する資料でありたいと著者は考えております。技術士一次試験の合格ラインは50％ですし，第二次試験の合格ラインは60％ですので，ここで扱っている内容を把握すれば，電気電子部門で出題される可能性のある内容についての知識を持てるようになると考えます。

　電気電子部門の技術士は非常に価値ある資格ですので，ぜひ難関といわれる技術士（電気電子部門）となって，技術士法第1章第1条の目的のとおり，科学技術の向上と国民経済の発展に資するようになってもらいたいと思います。

　最後に，本著の初版の出版から編集を担当しておられる日刊工業新聞社出版局の鈴木徹さんをはじめとするスタッフの皆様に対し深く感謝いたします。

2020年1月

福田　遵

目　　次

第2章　電　気　応　用

第3章　電　子　応　用

第 4 章　情　報　通　信

電力・エネルギーシステム

　電力・エネルギーシステムとして技術士第二次試験の選択科目の内容として示されているものは，次のとおりです。

―電力・エネルギーシステム―

> 発電設備，送電設備，配電設備，変電設備その他の発送配変電に関する事項
> 電気エネルギーの発生，輸送，消費に係るシステム計画，設備計画，施工計画，施工設備及び運営関連の設備・技術に関する事項

　実際の第一次試験および第二次試験では，水力発電，火力発電，発電機，原子力発電，新エネルギー発電，送電，配変電などの内容が出題されています。それらの中から，特に重要な部分を重点的にまとめてみます。

1 水力発電

　水力発電は，再生可能エネルギーですが，立地や条件に制限があるという問題があり，これまでのような大規模ダムの建設が最近では難しくなってきています。そのため，小規模水力発電が注目をあびています。

（1）　水力発電の原理

　水力発電は，水が持つ位置エネルギーを利用して水車を回転させ，その回転力を発電機に伝えて発電を行います。ダム水路式発電は，**水路**，**サージタンク**，**水圧管**，**入口弁**などから構成されています。その概要を図で示すと，**図表 1.1.1**のようになります。

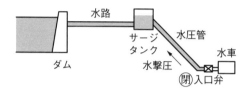

図表 1.1.1　ダム水路式発電の概要

　水圧管下部の入口弁を急に閉じたような場合には，水圧管内の流速が急激に変化するため**水撃圧**が生じ，水圧管の上部に伝搬しますが，それをサージタンクの中の自由水面で反射させて吸収させます。

　発電量は落差に比例しますが，上池の取水口の水位と下の放水口の水位差を**総落差**と呼びます。（**図表 1.1.2** 参照）

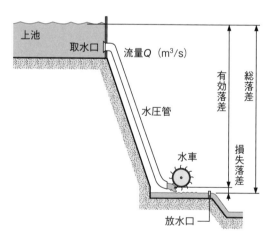

図表 1.1.2　有効落差

　総落差には，水車の位置や水路の摩擦分に相当する**損失落差**が含まれており，それを引いたものが，**有効落差**になります。

（a）　発電機出力

　水の質量を m[kg]，有効落差を H[m] とすると，水の位置エネルギー（E）は，$E = mgH$[J] で表せます。

　水の流量を Q[m³/s] とすると，毎秒 $Q \times 1,000$ kg の水が水車を回転させる仕事をしますので，水車を駆動する動力は以下の式で表せます。これを**理論水力**と呼びます。

　　　　理論水力：$P = 9.8QH$ [kW]

　この理論水力に水車の効率（η_w）と発電機の効率（η_g）を掛けると，発電機出力になります。両者の積である，$\eta_w \eta_g$ が**総合効率**になります。

　　　　発電機出力：$P = 9.8\eta_w\eta_g QH$ [kW]

　この式を使って，具体的な数字で計算をする例題を次に示します。

例題

有効落差が100 m，流量が毎分100 tの水流がある。これを発電に利用する場合，得られる電力値はいくらか。ただし，10%のエネルギーが損失となり，利用できないものとする。

解答：

　この問題では，水の流量が100[t/分] ですので，100[t] = 100,000[kg] = 100[m³] より，100[m³/分] となります。それを秒当たりに直すと，$Q = 100/60$[m³/秒] となり，有効落差は $H = 100$[m] です。ただし10%が損失で利用できないので，発電量 P は，次の式で求められます。

$$P = (1 - 0.1) \times 9.8QH = 0.9 \times 9.8 \times \frac{100}{60} \times 100 = 1,470 \ [\text{kW}]$$

（b）　水力発電所の利用率

　水力発電所では自然から供給される水の量が年間を通じて一定というわけではありませんので，その水力発電所における最大の出力 [kW] と年間の発電

量［kWh］から，**利用率**が求められます。

$$利用率 = \frac{年間発電量［kWh］}{最大出力［kW］\times 24 \times 365}$$

この式を使って，具体的な数字で計算をする例題を次に示します。

例題

最大出力 33 万 5 千 kW の水力発電所があるが，この発電所の年間発電量は
10 億 kWh である。この発電所の利用率は何％になるか答えよ。

解答：

$$利用率 = \frac{1.0 \times 10^9}{3.35 \times 10^5 \times 24 \times 365} \fallingdotseq 0.341 = 34.1 ［％］$$

（c）　水車ランナの比速度

水車ランナの比速度（n_s）は，有効落差 1 m，出力 1 kW で動作するときの回転速度であるといえます。有効落差を $H[m]$，定格回転速度を $N[rpm]$，定格出力を $P[kW]$，流量を $Q[m^3/s]$ とした場合の比速度は下記の式で表せます。

$$n_s = N\frac{P^{1/2}}{H^{3/4}}［m \cdot kW］= N\frac{Q^{1/2}}{H^{3/4}}［m \cdot m^3/s］$$

（2）　水車

　水車は，水が持つエネルギーを回転運動にかえる機能を持っています。水車には，その形式によって衝動水車と反動水車があります。**衝動水車**は，水の持つエネルギーを速度水頭に変えて，水車のランナに作用させる形式の水車です。また**反動水車**は，圧力水頭を持つ流水をランナに作用させる形式の水車です。水車の種類と形式をまとめたのが，**図表 1.1.3** になります。

　また，水車の分類としては，車軸の据付方向による分類もあり，**立軸形水車**，**横軸形水車**，**斜軸形水車**に分けられます。さらにランナが 1 つのものを単輪形，2 つのものを二輪形と呼びます。

図表 1.1.3　水車と水車形式

水車形式	水車名
衝動水車	ペルトン水車
反動水車	フランシス水車，斜流水車（デリア水車），プロペラ水車（カプラン水車）

（a）　ペルトン水車

　横軸形のペルトン水車を模式的に図示すると，**図表 1.1.4** のようになります。**ペルトン水車**は，ノズルから流出したジェット水流をランナに作用させて回転運動を発生させます。ランナは，ディスク部とバケット部からできており，通常は 16〜30 個バケットがディスク部に取り付けられています。バケットには，図表 1.1.4(b) に示すとおり，真中にエッジが設けられており，ジェット水流を 2 方向に分けるように計画されています。

(a)　水車ランナ部 　　　　　(b)　バケットの構造

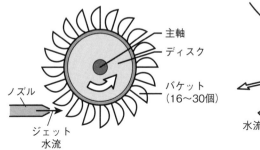
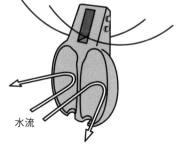

図表 1.1.4　ペルトン水車

　ペルトン水車は，ノズルの数が 1 個のもの（単射形）だけではなく，2 個のもの（二射形）や n 個のもの（n 射形）などがあり，2 個以上のものでは，分岐管を用いて水流をそれぞれのノズルに供給します。横軸形ペルトン水車では，単射形と二射形が一般的で，立軸形では 4 射形と 6 射形が一般的です。ノズルの内部にはニードルと呼ばれる調整装置が設けられており，それを動かしてジェット水流の量を調整します。

　水車を停止する際には，バケットの背面に設けられた**ジェットブレーキ**で回転方向と逆向きにジェット水流をあてて，回転の停止を助けます。

　ペルトン水車が適用できる落差は 150〜800 m です。

（b）　フランシス水車

　フランシス水車は，ケーシング部とランナ部からできており，水圧管から導入された圧力水を，ケーシング部によって効果的にランナ部に流入させます。流水はランナの半径方向から流入し，ランナ内で軸方向に向きを変えて下流に流出させます。立軸形フランシス水車のランナを模式化したのが**図表 1.1.5** になります。ケーシング部で流水の出口にあたる部分には，**ガイドベーン**が設けられており，開口面積を変えることによって，流入水量を調節する仕組みになっています。

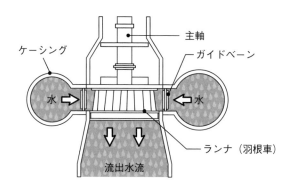

図表 1.1.5　フランシス水車のランナ部

　フランシス水車が適用できる落差は 40〜500 m です。

（c）　斜流水車とデリア水車

　斜流水車は立軸形水車であり，流水がランナ軸に対して斜め方向から流入し，軸方向に流出します。斜流水車を模式化した図が，**図表 1.1.6** です。

　斜流水車には，**ランナベーン**の角度が固定のものと，角度を落差の変化や負荷の状況によって変えられるものがあります。ランナベーンの角度が自動的に変えられる水車を**デリア水車**と呼んでいます。

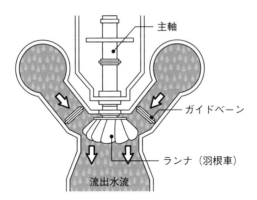

図表 1.1.6　斜流水車

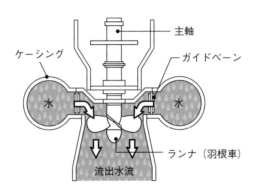

図表 1.1.7　プロペラ水車

斜流水車が適用できる落差は 40〜180 m です。

（d）　プロペラ水車とカプラン水車

プロペラ水車には立軸形と横軸形があり，流水が軸方向に通過する水車です。縦軸形プロペラ水車を模式化した図が，**図表 1.1.7** です。

プロペラ水車には，ランナベーンの角度が固定のものと，角度を落差の変化や負荷の状況によって変えられるものがあります。ランナベーンの角度が自動的に変えられる水車を**カプラン水車**と呼んでおり，一般的に用いられています。

プロペラ水車が適用できる落差は 5〜80 m です。

（e）　小水力発電用水車

最近では，大規模な水力発電に適した場所も少なくなってきています。一方，地球温暖化の影響から，再生可能エネルギーの利用が求められています。そういった状況から，小水力発電が注目をあびています。

小水力発電用に用いられる水車には次のようなものがあります。

① クロスフロー水車

クロスフロー水車のランナは，30枚程度のブレードを円形の側板2枚で挟み込んだ円筒かご形をしています。水流は**図表1.1.8**に示すように，ランナ軸に対して垂直方向から流入し，ランナの下部方向に流出します。

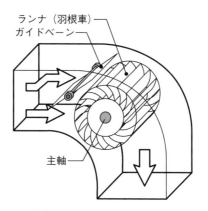

図表 1.1.8　クロスフロー水車

② ターゴインパルス水車

ターゴインパルス水車の基本構造はペルトン水車と同様ですが，ターゴインパルス水車の場合には，ノズルから噴出したジェット水流が，バケットに約25度の角度で入射します。また，バケットはペルトン水車（図表1.1.4参照）のように2方向に分散する形には計画されていないため，1方向に排水されます。

③ 円筒水車

円筒水車は，20 m以下の低落差用に用いられるプロペラ水車です。流水が流れる円筒形のケーシング内部に発電機と水車が設置されています。そのため，

*バルブ水車*とも呼ばれています。

（3）　揚水発電

揚水発電は，負荷平準化には有力な手段として用いられてきました。最近では，揚水発電所に適した場所がなくなったため，**海水揚水発電**の実証プラントが，沖縄県に建設されています。

揚水発電では，夜間に下池から上池に水を揚げるために，揚水用ポンプと電動機が必要になります。それらを，水車や発電機とは別に用意する場合を，**別置式**といいます。発電機と電動機を兼ねた発電電動機を利用して，同軸上にポンプと水車を結合する方式を，**タンデム式**といいます。また，反動水車を逆回転させて，ポンプとして機能させるものを**ポンプ水車**と呼びます。ポンプ水車には，フランシス形，斜流形，プロペラ形があります。この方式が経済的に優れているので，広く用いられています。

2　火力発電

火力発電は，日本の発電量の半分以上を占めており，国内における主要な発電手段といえます。火力発電の燃料には，石炭，ガス，石油などがありますが，日本では二酸化炭素の排出量が少ない天然ガス発電と燃料価格が安い石炭火力発電が多く用いられています。

（1）　火力発電の原理

火力発電は，燃料の燃焼によって得られた熱エネルギーを，蒸気タービンやガスタービン，ディーゼル機関によって電気エネルギーに変換します。事業用発電所における主流は，蒸気タービンを用いる汽力発電になりますので，汽力発電を中心に説明を行います。

（a）　ランキンサイクル

汽力発電では，ボイラによって発生させた過熱蒸気をタービンに導入し，タ

ービン内で蒸気を膨張させて，熱エネルギーを回転運動に変え，発電機によって電気エネルギーに変換します。仕事を終えた蒸気は復水器で冷却されて水に戻します。その水を給水ポンプでボイラに送り，再び蒸気を発生させます。こういった基本サイクルを**ランキンサイクル**と呼びます（**図表 1.2.1**(a) 参照）。ランキンサイクルでは圧力が上がると飽和温度が上昇しますので，蒸気圧力が高いほど熱効率は向上します。なお，まったく初めの状態に戻ることができる理想的な可逆サイクルとして**カルノーサイクル**がありますが，カルノーサイクルにおいては，熱効率（η）は，高熱源（T_1）と低熱源（T_2）とすると，$\eta = 1 - T_2/T_1$ となりますので，高熱源の温度が高いほど熱効率は高くなります。

（b）　再熱サイクル

　熱効率を上げる方法として，蒸気タービンに送り込む蒸気の圧力を高める方法がありますが，この場合には，排気の湿り蒸気における湿り度が大きくなり，タービン内の効率を低下させてしまいます。それを避けるために，タービンである圧力まで膨張した蒸気を途中で抜き出して，ボイラ内の**再熱器**に通して再熱し，再びタービンに送って膨張させる方式があり，それを**再熱サイクル**といいます（図表 1.2.1(b) 参照）。

（c）　再生サイクル

　復水器で失われる熱量が多い場合には，当然効率は低下します。復水器での損失を少なくするために，タービン内で膨張しつつある蒸気の一部を途中で取り出して，復水器からボイラに供給される水を加熱する方式があり，それを**再生サイクル**といいます。この方法では，蒸気がタービン内でする仕事の量は減少しますが，ボイラ入口温度を高められるため，全体的な効率は高められます（図表 1.2.1(c) 参照）。

（d）　再熱再生サイクル

　再熱サイクルと再生サイクルの両方を備えた，**再熱再生サイクル**という方式も用いられています。

（e）　冷却水

　火力発電の場合には，復水器で冷却をする必要がありますので，通常は海水

(a) ランキンサイクル

(b) 再熱サイクル

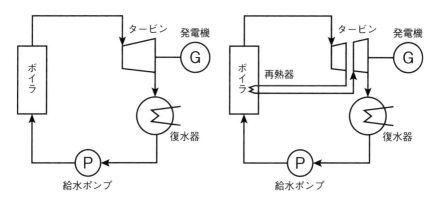

(c) 再生サイクル

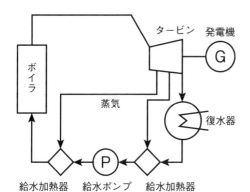

図表 1.2.1　汽力発電の熱サイクル

などを使って冷却を行います。それに必要な冷却水量は，次のような方法で計算できます。

例題

熱効率 50 % の火力発電所が定格出力 100 万 kW で連続的に運転している場合に，排水の温度上昇を 7 度以内とするのに必要な冷却水量を求めよ。

（条件）熱の仕事当量：4.2 J/cal, 水の密度：1.0 g/cm³, 比熱：1.0 cal/(g℃)

解答：

冷却すべき熱量：100 万 kW ＝ 10^6 kW ＝ 10^6 kJ/s ＝ 10^9 J/s

冷却水 1 m³/s（＝10^6 cm³/s）当たりで冷却できる熱量：

10^6[cm³/s]×7[℃]×4.2[J/cal]×1.0[g/cm³]×1.0[cal/(g℃)]

必要な冷却水量：$\dfrac{10^9}{7\times4.2\times10^6}\fallingdotseq34$[m³/s]

（2）　蒸気タービン

　蒸気タービンは，高圧の蒸気が持つ熱エネルギーを，タービン内の**静翼（ノズル）**と**動翼（羽根）**を用いて膨張させながら，回転エネルギーに変換する装置です。蒸気タービンにはいくつもの静翼（ノズル）と動翼（羽根）の組が設けられており，その1組を段と呼びます。

（a）　衝動タービンと反動タービン

　段における蒸気の膨張割合によって，衝動タービンと反動タービンに分けられます。

　衝動タービンでは，蒸気の膨張を静翼（ノズル）内で完全に行わせ，動翼（羽根）に吹きつける衝撃力によって動翼を回転させます。1段の静翼に対して1つの動翼を持つものを，**ラトー段**といいます。また，1段の静翼に対して複数の動翼を持つものを**カーチス段**といいます。

　反動タービンでは，静翼（ノズル）内で蒸気を完全に膨張させず，動翼（羽根）内でも行わせ，反動力を発生させます。そのため，衝動力と反動力の両方を用いて羽根車が回転します。動翼内での膨張比率を**反動度**といい，反動度50％の段を**パーソンス段**といいます。

（b）　熱サイクルによる分類

　蒸気タービンは，熱サイクルによっても分けることができます。

　①　復水タービン

　復水タービンは，発電のみを目的としたもので，ボイラで発生した蒸気を復水器に戻す圧力までタービンで仕事をさせ，復水器に戻す方式です。全量復水

器に戻す**単純復水タービン**と，一部をタービン途中から抜き出して再生し，ボイラ給水を加熱する**再生復水タービン**があります。

　② 背圧タービン

　背圧とは，タービン排気が大気圧以上のものであり，その背圧を工場などの作業用蒸気や動力として使用する方式のタービンを**背圧タービン**といいます。そのため，復水器はありません。

　③ 抽気復水タービン

　抽気復水タービンは，タービンの中間段から蒸気を抽出して，その蒸気を作業用蒸気や動力として用いるタービンで，電力と蒸気の使用量が変動するような施設に用いられます。残った蒸気は復水器に送られます。複数の蒸気圧を必要とする場合には，タービンの複数の箇所から蒸気を抽出します。

　④ 抽気背圧タービン

　抽気背圧タービンは，2種類の蒸気が必要な場合に，1つはタービンの中段から蒸気を抽出し，もう1つはタービン排気の背圧を用いる方式です。

　⑤ 混圧タービン

　混圧タービンは，蒸気源が2種類ある場合に，タービン入口から入れる蒸気圧と違った蒸気をタービン途中で入れてタービンを回す方式です。

　⑥ 飽和蒸気タービン

　飽和蒸気タービンは，軽水炉形の原子炉などで用いられるタービンで，入口蒸気に飽和蒸気が使われるものをいいます。飽和蒸気を用いるため，タービン内では湿り度が大幅に増加しますので，その対策が必要となります。

（c）　構造による分類

　タービンの1つのケーシングに1つのロータを入れてあるものを**単室タービン**といい，ケーシングが2つ以上あるものを**多室タービン**といいます。各ケーシングを1つの軸上に配置したものを**タンデムコンパウンドタービン（くし形タービン）**と呼び，2つ以上のタービン軸を並列に配列したものを**クロスコンパウンドタービン（並列形タービン）**と呼びます。

（d）　蒸気流の方向による分類

　蒸気がタービンの軸方向に平行に膨張しながら流れていくものを，**軸流ター** **ビン**と呼んでおり，現在最も一般的に用いられています。その他に，蒸気がタービン軸に直角に流れていく**半径流タービン**や，羽根車の外側の静翼（ノズル）から羽根車の周方向に流す**反復流入タービン**もあります。

（e）　被駆動機との連結方法による分類

　タービンと被駆動機を直結する方式を，**直結形タービン**と呼びます。また，タービンと被駆動機の間に減速装置（増速装置）を設けるものを，**減速形**（**増** **速形**）**タービン**と呼びます。

（3）　コンバインドサイクル発電

　コンバインドサイクル発電は，**図表 1.2.2** に示すとおり，燃焼ガスの高温部をガスタービンで発電し，そこから排気される低温部を蒸気タービンで発電する方式です。コンバインドサイクル発電では，汽力発電の熱効率が41％程度であるのに対して50％を超えており，熱効率が良いのが特長となっています。コンバインドサイクルは，ガスタービンを主体に構成されているため，大気温度が低いほど出力は大きくなります。大気温度が上昇すると吸込み空気の重量流量が減少するので，ガスタービンの出力が減少し，結果的にコンバインドサイ

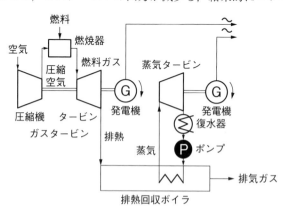

図表 1.2.2　コンバインドサイクルの基本構成図

クル発電の最大出力が減少するからです。また，コンバインドサイクル発電では，燃焼温度が上がると熱効率も上昇します。具体的には，1,100℃級のガスタービンの熱効率は約43％ですが，1,300℃級では約49％となっています。その他にも，起動停止時間が短く，部分負荷での熱効率の低下が小さく，温排水量も少なくなるという特長を持っています。

コンバインドサイクル発電の熱効率計算の例題として次のものがあります。

例題

ガスタービン発電と蒸気タービン発電を組合せた排熱回収方式コンバインドサイクル発電がある。ガスタービンの熱効率は30％であり，ガスタービンを駆動した後，その排熱で排熱回収ボイラを駆動する蒸気タービンの熱効率は40％である。このとき，総合熱効率はいくつか。ただし，ガスタービン出口のすべての排熱は排熱回収ボイラで回収されるものとする。

解答：

ガスタービンの熱効率は30％ですので，蒸気タービンに送られるエネルギーは残りの70％です。蒸気タービンの熱効率は40％ですので，総合熱効率は次の式で求められます。

総合熱効率 $= 0.30 + (1 - 0.3) \times 0.4 = 0.3 + 0.7 \times 0.4 = 0.3 + 0.28 = 0.58$　→58％

（a）　排熱回収サイクル

排熱回収サイクルは，ガスタービンから出る排気を排熱回収ボイラに導入し，そこで得られた蒸気を用いて蒸気タービンを駆動する方式です。コンバインドサイクル発電の中で最も高い熱効率を持っていますので，コンバインドサイクル発電では主流の方式です。この方式は，ガスタービンの出力比率が高く，起動時間が短いのも特長となります。また，システム構成は簡単ですが，蒸気タービンの単独運転はできません。

（b）　排気助燃サイクル

排気助燃サイクルは，ガスタービンから出る排気を排熱回収ボイラに導入する点は排熱回収サイクルと同様ですが，排熱回収ボイラに排気を導入する前に

助燃燃料を供給して，燃焼によってガス温度を高める点が，排熱回収サイクルと異なります。助燃燃料が多い場合には熱効率が下がり，温排水も増えますが，蒸気タービンの出力比は増加します。起動停止時間は，排熱回収サイクルよりも長くなります。また，蒸気タービンの単独運転はできません。

（c）　排気再燃サイクル

ガスタービンの排気には酸素が残存しています。これを汽力ボイラに導き，燃焼空気として利用する方式を，**排気再燃サイクル**といいます。通常の汽力ボイラには空気予熱器が設けられますが，この方式では，ガスタービン排気の温度が高いために，それが不要となります。この方式では蒸気タービンの出力比が高くなりますし，蒸気タービンの単独運転も可能となります。ただし，システムの構成は複雑になりますし，運転制御も複雑化します。

（d）　過給ボイラサイクル

過給ボイラサイクルは，ガスタービンに接続された圧縮機を使って，吐出空気を加圧ボイラに導き，燃料で加圧燃焼させたガスをガスタービンに導く方法です。ガスタービンの排ガスは，蒸気タービンの給水の加熱に利用されます。蒸気タービンの出力比は高いですが，単独運転はできません。また，ボイラが加圧状態となるため炉体積を小さくできます。

（e）　給水加熱サイクル

給水加熱サイクルは，ガスタービンの排ガスを用いて蒸気タービンのボイラ給水を加熱する方式です。蒸気タービンの途中から蒸気を抽出する必要がなくなるため，蒸気タービンの出力が増加します。システムは簡単で，既設の発電所の改修に適しており，蒸気タービンの単独運転も可能です。

3　発電機

（1）　火力発電機

タービン発電機は，大容量で高速回転となるために，円筒形同期発電機が用いられます。発電機の回転数は，回転子が2極の場合には，60 Hz機で3,600 rpm,

50 Hz 機で 3,000 rpm になります。4 極の場合には，60 Hz 機で 1,800 rpm，50 Hz 機で 1,500 rpm になります。発電機の大容量化には，冷却方式の技術が大きく貢献しています。

　冷却方式としては，小容量機では**空気冷却方式**が用いられます。空気冷却方式は構造が簡単ですが，発電機の風損が大きくなります。大容量機には，**水素冷却方式**や**水冷却方式**が用いられます。

　水素冷却方式の場合には，水素の密度が空気よりも大幅に小さいので，風損を 1/10 程度に低減できます。また水素の比熱は空気の 14 倍程度ありますので，冷却効果も大きくなります。それ以外に，発電機の絶縁劣化を抑える効果もありますが，空気と混合した場合には爆発の危険性があるという欠点もあります。

　水冷却方式の場合には，冷却効果は高くなりますが，絶縁性の点から純水を使用する必要があります。そのため，装置が複雑になるという欠点があります。

（2）　水車発電機

　水車発電機には，一般的に突極形同期発電機が用いられますが，小容量の発電機には誘導発電機が用いられる場合があります。同期機の多くは電機子を固定し，界磁が回転する**回転界磁形**です。同期機は，固定側に設置される電機子巻線と，回転子側の界磁巻線と制動巻線から構成されています。制動巻線は，同期発電機の負荷が急変し乱調を起こした場合などに，逆相インピーダンスを増加させて制動トルクを発生させます。それによって安定度を向上させますが，制動巻線の抵抗が小さいほど制動トルクが働くので，安定度は向上します。ただし，故障電流を抑制する際には高抵抗の方が効果があります。軸方向は，立軸形が一般的ですが，小容量発電の場合には横軸形になりますので，それに適した発電機仕様が求められます。

　水力発電の場合には，発電所の運用形式から，始動・停止の頻度が高くなります。

　水力発電機の標準回転速度は，火力発電機よりも遅く，**図表 1.3.1** のようになります。

図表1.3.1　水車発電機の標準回転速度 ［rpm］

極数	50 Hz	60 Hz
6	1,000	1,200
8	750	900
10	600	720
12	500	600
14	429	514

　冷却は空気で行われ，冷却方式としては，発電機室内の空気を吸い込んで排出する開放形と，風洞を設ける管通風形，発電機を閉じた空間に置いて冷却空気を循環させる全閉内冷形があります。

4　原子力発電

　原子力発電は，二酸化炭素の排出が少ない発電技術です。ウラン－235の1グラムで，火力発電で消費する石油2トン分に相当する発電が行えます。

（1）　核反応
　原子核と原子核の衝突や原子核と他の粒子の衝突の結果，元の原子核と異なる核が生成する現象を**核反応**といい，反応の際に反応前後のエネルギー差が外部に放出されます。核反応には，核分裂と核融合があります。**核分裂**は，質量数の大きな原子核が，高エネルギー中性子を吸収するとおきます。また，**核融合**は，太陽や恒星で起きているような，軽い原子核どうしが衝突して融合し，重い原子核をつくる現象をいいます。

（2）　原子炉の構成
　核分裂を連鎖的に行わせるためには，それに必要な最小の量があります。それを**臨界量**といいます。臨界量以下では連鎖反応は起きません。また，臨界量以上では反応が増加し，最終的には爆発にいたってしまいます。そういった反

応を制御し，持続的な核分裂反応を行わせる設備が原子炉で，原子炉は下記の
ような構成体でできています。

（a）　原子燃料

　天然ウランには，核分裂反応を起こすウラン−235がわずか0.7％しか含まれ
ていませんので，原子炉では濃縮した濃縮ウランを用います。ウラン−235の
含有量が20％を超えるものを**高濃縮ウラン**といい，20％以下のものを**低濃縮ウ
ラン**と呼びます。

　原子炉にはウラン−235を3〜5％に濃縮した低濃縮ウランを用います。原子
燃料は，燃料棒や燃料板に成型加工されて，それを被覆材で密封します。被覆
材は，原子燃料と冷却材が接触しないようにするものです。

（b）　減速材

　減速材は，高速中性子を熱中性子にまで減速させるものです。減速材には，
衝突での中性子エネルギー損失が大きくなる，質量数の小さな原子核を持つも
のが適しています。また，中性子の散乱が大きく，吸収断面積が小さいことが
望まれます。そのため，軽水（H_2O）や重水（D_2O），黒鉛，ベリリウムなどが
用いられます。

（c）　冷却材

　冷却材は原子燃料を冷却すると同時に，発生した熱エネルギーを原子炉外に
取り出すために用いられます。冷却材としては，まず中性子の吸収が少なく，
被覆材への腐食作用がない材料が望まれます。また，熱の輸送効率が良く，誘
導放射能が小さいことが必要です。そのため，軽水（H_2O），重水（D_2O），液体
ナトリウム，空気，炭酸ガス，ヘリウムなどが用いられます。

（d）　制御材

　制御材は，原子炉内の中性子の密度を制御するために用いられますので，中
性子吸収断面の大きな材料が望まれます。具体的には，カドミウム，ボロン，
ハフニウムなどが用いられます。発電用の原子炉においては，それらの材料を
ステンレス鋼で被覆して，棒状にしたものを用います。

（e）　反射体

　反射体は，炉心から漏れてくる中性子を炉心内に戻すために用いられます。そのため，散乱面積の大きな材料である必要がありますので，減速材と同じく，軽水（H_2O）や重水（D_2O），黒鉛，ベリリウムなどが反射体として用いられます。

　発電用原子炉には，構成体の違いによって，軽水炉形，重水炉形，黒鉛ガス炉，高速増殖炉などがありますが，<u>原子力発電の 80％以上は軽水炉形</u>になります。

（3）　沸騰水形原子炉（BWR）

　沸騰水形原子炉（BWR）は，減速材と冷却材に軽水を使った軽水炉形原子炉で，蒸気発生器がなく，原子炉容器内で直接蒸気を作り，その蒸気でタービンを回して発電を行いますので，**直接サイクル**と呼びます（**図表1.4.1** 参照）。

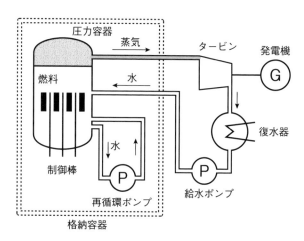

図表1.4.1　沸騰水形原子炉（BWR）

　沸騰水形原子炉は，原子炉容器内に再循環ポンプやジェットポンプを備え，原子炉内の水を強制的に循環するものが多く用いられており，その再循環量の調整によって，原子炉の出力調整が可能であるという特長を持っています。な

お，沸騰水形原子炉は，冷却材がタービンに入るので，タービンの放射線防護が必要となります。

（4）　加圧水形原子炉（PWR）

　加圧水形原子炉（PWR）は，減速材と冷却材に軽水を使った軽水炉形原子炉で，一次冷却系と二次冷却系が蒸気発生器を介して分離されていますので，**間接サイクル**と呼ばれます（**図表 1.4.2** 参照）。

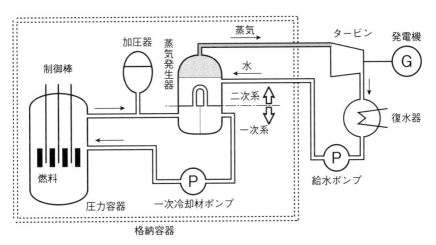

図表 1.4.2　加圧水形原子炉（PWR）

　加圧水形原子炉は，一次系統の放射能が二次系統には移行しませんので，タービン系統の保守が容易であるという特長を持っています。なお，加圧水形原子炉には化学体積制御設備が必要で，一次冷却材保有量の変化の調整や，反応速度制御のための一次冷却材中のほう素濃度調整，冷却材中の不純物の除去などを行っています。

（4）　蒸気タービン

　軽水炉形原子力発電においては，蒸気タービンへ供給される蒸気は，70気圧で285℃程度ですので，火力発電に比べて蒸気条件は悪いといえます。そのた

め，蒸気の消費量は，火力タービンの2倍程度多く必要となり，タービンも大型になります。回転数も低く，50 Hz 機で 1,500 rpm，60 Hz 機で 1,800 rpm の回転数になっています。

5　新エネルギー発電

二酸化炭素排出量を削減するために，再生可能エネルギーの活用が求められています。現在のところは，一般の火力発電に比べて，そういった新エネルギーの発電コストは高いのですが，今後環境問題や資源の有限性の観点から，新エネルギー発電の活用が進んでいくと考えられています。

（1）　風力発電

風力発電は，地球大気の水平方向の運動エネルギーを，風車を用いて電気エネルギーに変換するものです。風力発電は，定まった方向に一定の風が吹くことが条件となりますので，立地に制限があります。また，エネルギー密度が低い点と，発電量が不規則である点が欠点となります。風車の形式には，**プロペラ形**や**ダリウス形**，**サボニウス形**などがあります。それらを大きく分けると，プロペラ形やオランダ形を代表とする水平軸形と，ダリウス形やサボニウス形を代表とする垂直軸形があります（**図表 1.5.1** 参照）。

プロペラ形風車　　　　　サボニウス形風車　　　　　ダリウス形風車

 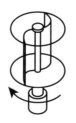 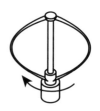

図表 1.5.1　風車の例

　水平形は，風車が風上にあるアップウインド形と風下にあるダウンウインド形に分けられます。アップウンド形は，風向きに応じて，風車を風上に向ける**ヨー制御**が必要となりますが，ダウンウインド形の場合には，自動的に風車が風下に向くために，ヨー制御が不要となります。

　垂直形の場合には，無指向性であるために，風向きが変わりやすい地域においても用いやすい形式といえます。また，垂直軸であることから，発電機を地上に設置できるという利点もあります。

　風車で最も広く用いられているのは3枚翼のプロペラ形風車で，風車のロータ軸出力は次の式で求められます。

$$P = \frac{1}{2} C\rho V^3 A = \frac{1}{8} C\rho\pi D^2 V^3$$

ρ：空気密度 $[\mathrm{kg/m^3}]$，C：風車羽根車のパワー係数，V：風の流速 $[\mathrm{m/s}]$，A：風車羽根の投影面積 $[\mathrm{m^2}]$，D：風車直径 $[\mathrm{m}]$

　このように，風車では風の流速の3乗に比例したエネルギーが得られます。このため，風速が一定値を超えた場合には，風のエネルギーを逃がす制御が必要となります。翼のピッチ角が可変の風車の場合には，**ピッチ角制御**を行います。さらに風速が速くなると，翼を風方向と平行にして，回転を停止させます。ピッチ角が固定の風車の場合には，一定以上の風速で失速状態になる**ストール制御**を行います。なお，風車ロータの空気力学的なエネルギー変換効率をパワー係数といいますが，理論上の最大効率として**ベッツの限界**という理論限界があり，$16/27 \fallingdotseq 0.593$ です。

　風車を計画する場合には，風車による騒音や振動の問題に加えて雷害対策を検討する必要があります。さらに，周辺の景観への配慮や鳥類への影響なども考慮しなければなりません。なお，最近では，国際的に**洋上風力発電**が注目されてきています。欧州では水深が浅い海域が広く存在しているため着床式が普及していますが，急激に水深が深くなる我が国周辺では，浮体式の風力発電設備が必要となります。一般的に，水深50 m以浅は着床式，水深50 m以深は浮体式が経済的に有利とされています。

（2）　地熱発電

　地下から得られる高温の蒸気を用いてタービンを回し，発電を行うのが**地熱発電**です。地熱発電は，二酸化炭素を排出しない発電システムではありますが，立地の制限があります。また，火力発電に比べてタービンに送ることができる蒸気の温度と圧力が低いために，大容量発電ができないという欠点があります。さらに，地熱蒸気の中には不純物も多く含まれていますので，タービンにスケールが付着しないような配慮を行わなければなりません。地熱発電の基本構成図は，**図表1.5.2**に示すとおりです。

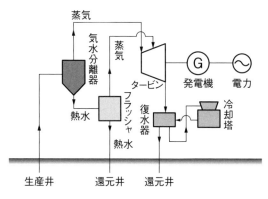

図表1.5.2　地熱発電の基本構成図

　地熱発電の方式には，下記の5つの方式があります。

（a）　背圧式

　背圧式は，地下から取り出した蒸気をタービンに直接送り，タービンを回した後の排気をそのまま大気に放出する方式です。この方式は最も簡易的な方式ですので，コストが最も安くなりますが，蒸気消費量が多いために，小規模な発電にしか用いられません。

（b）　ドライスチーム方式

　ドライスチーム方式は，地下から取り出した蒸気をタービンに直接送り，タービンを回した後の排気を復水器で凝縮させる方式です。

（c）　シングルフラッシュ方式

　シングルフラッシュ方式は，地下から取り出した蒸気が熱水を伴う場合に，気水分離器を用いて蒸気と熱水を分離した後に，蒸気をタービンに送る方式です。この方式では，排気は復水器で凝縮させます。

（d）　ダブルフラッシュ方式

　地下から取り出した蒸気が熱水を伴う場合に，気水分離器を用いて蒸気と熱水を分離し，蒸気をタービンに送るまではシングルフラッシュと同様です。その際，さらに熱水の温度が高い場合に，熱水をフラッシャに送り再度減圧して，そこで得られた低圧の蒸気をタービンの中段に送る方式を，**ダブルフラッシュ方式**といいます。排気は復水器で凝縮させます。シングルフラッシュと比べて，発電量を2割ほど増加させることができます。

（e）　バイナリーサイクル方式

　バイナリーサイクル方式は，地熱流体の温度が低く少量の蒸気しか得られない場合に，水よりも沸点が低い熱媒体を蒸発器で加熱沸騰させて，その蒸気でタービンを回す方式です。タービンで仕事をした熱媒体は，再び蒸発器に送られます。

　十分に地熱流体が得られない場合でも，地下に高温の岩体がある場所は多く存在しています。そういう所では，坑井を掘削して人工的に亀裂を作り，そこに地上から水を注入して蒸気と熱水を得る方法もあります。それを**高温岩体発電**といいます。

（3）　燃料電池

　燃料電池は，活物質を外部から連続的に供給する化学電池です。基本原理は，水の電気分解と逆のプロセスを用い，水素と酸素を電極に送って電気と水を発生させますので，直接発電技術になります。燃料の水素は，天然ガス，石油，メタノールなどから得ます。

　燃料電池は，発電効率が高く（40〜45%），二酸化炭素を排出しないクリー

ンなエネルギー源です。また，低騒音で，熱をコジェネレーションとしても利用できますので，分散型電源システムとしても適しています。燃料電池には次のものがあります。

（a）　りん酸形燃料電池（PAFC）

りん酸形燃料電池（PAFC）は，これまでの運転実績が最も多い燃料電池で，起動時間が短く，コジェネレーションとしての利用も可能ですが，電極触媒にコストの高い白金類を使わなければなりません。なお，作動温度は約200℃です。

（b）　溶融炭酸塩形燃料電池（MCFC）

溶融炭酸塩形燃料電池（MCFC）は，高温（約650℃）で動作する電池で，高価な電極触媒を必要としませんし，燃料の内部改質が可能な燃料電池です。溶融炭酸塩形燃料電池は，小型で発電効率が高く，コジェネレーションとしての利用が可能ですが，耐食性や寿命，安定性に問題があります。

（c）　固体酸化物形燃料電池（SOFC）

固体酸化物形燃料電池（SOFC）は，溶融炭酸塩形燃料電池と同様に，高温（約1,000℃）で動作する電池で，高価な電極触媒を必要としませんし，燃料の内部改質が可能な燃料電池です。固体酸化物形燃料電池は，燃料の組成に厳しい制約がなく，小出力でも発電効率が高いという特長を持っています。

（d）　固体高分子形燃料電池（PEFC）

固体高分子形燃料電池（PEFC）は，低温（約80℃）で動作させることができるために，家庭用の分散形電源としても期待される燃料電池です。固体高分子形燃料電池は，起動性が高く，出力密度が大きいという特長を持っていますが，電極触媒にコストの高い白金類を使わなければなりません。なお，自動車などの移動体用としての利用も可能です。

（4）　バーチャルパワープラント（VPP）

バーチャルパワープラントは，需要家側のエネルギーリソース（再生可能エネルギー，蓄電池，ネガワットなど）をIoT技術やエネルギーマネジメント技

術を使って制御し，あたかも1つの発電所のように機能させる手法で，仮想発電所と訳されます。なお，**ネガワット**とは，需要が多い時間帯に需要家の節電によって需要が削減された分を発電した量とみなす考え方で，節電所ともいわれます。バーチャルパワープラントの活用によって，無駄な待機予備設備を少なくするとともに，再生可能エネルギーや未利用エネルギーの活用ができるようになります。また，需要家は，節電を実現するピーク時の蓄電設備や蓄熱設備への投資に積極的になります。また，大規模災害時においても，分散型電源が整備されていることによって，それらからの給電も可能になり，減災にも効果があると考えられます。そういった点で，地産地消型エネルギーシステムを実現できます。

6　送電

　発電場所と電力需要場所は通常離れているために，送電が必要となります。しかも，長い距離を送電する場合も少なくありませんので，損失が少ない送電方式が求められます。

（1）　電力系統

　日本の場合，東日本では周波数50 Hz，西日本では60 Hzで送配電が行われており，佐久間周波数変換所や新信濃周波数変換所を介して連系が行われています。

（a）　電気方式

　電気方式としては，大きく直流方式と交流方式に分けられますが，変圧の容易さなどから，一般に交流方式が用いられます。また，交流方式では，次のような電気方式があります。

① 単相2線式

単相2線式の電力損失は$2I^2R$になり，同じ電圧，電流，力率で電力を送電する場合に，電線の使用量は最も多くなります。

②　単相3線式

単相3線式の電力損失は $2I^2R$ になり，同じ電圧，電流，力率で電力を送電する場合に，電線の使用量は単相2線式の37.5％になります。

③　三相3線式

三相3線式の電力損失は $3I^2R$ になり，同じ電圧，電流，力率で電力を送電する場合に，電線の使用量は単相2線式の75％になります。

④　三相4線式

三相4線式の電力損失は $3I^2R$ になり，同じ電圧，電流，力率で電力を送電する場合に，電線の使用量は単相2線式の33.3％になります。

（b）　標準電圧

標準電圧として，**図表1.6.1** のような**公称電圧**と**最高電圧**が定められています。

図表1.6.1　公称電圧と最高電圧

公称電圧	最高電圧	公称電圧	最高電圧
3.3 kV	3.45 kV	110 kV	115 kV
6.6 kV	6.9 kV	154 kV	161 kV
11 kV	11.5 kV	187 kV	195.5 kV
22 kV	23 kV	220 kV	230 kV
33 kV	34.5 kV	275 kV	287.5 kV
66 kV	69 kV	500 kV	525 kV
77 kV	80.5 kV	2種類の最高電圧採用	550 kV

公称電圧と最高電圧の間には，500 kV を除いて次の関係式が成り立ちます。

$$最高電圧 = \frac{公称電圧 \times 1.15}{1.1}$$

なお，最近ではさらに大電力の送電を実現するために，UHV（Ultra High Voltage）送電が運用されています。**UHV送電**とは，交流送電で 800 kV 以上，直流送電では ±500 kV 以上の送電をいいます。

（2）　架空送電

　発電場所から電力需要地域までの送電は，経済性の面から架空送電が主体と
なっています。**架空送電線**としては，硬銅より線，鋼心アルミより線，鋼心耐
熱アルミ合金より線が用いられています。架空送電線の場合には，空気を絶縁
体としており，支持物から絶縁するために碍子を用います。そのため，碍子に
は次のような特性が求められます。

【碍子の特性】
・最大使用荷重に対する引張強度を有する
・繰り返し荷重が発生しやすいので疲労破壊に対する強度を有する
・雷インパルスなどの異常電圧に対する絶縁耐力を有する
・雨などの水分が多い環境下でも漏れ電流が小さい
・吸湿性がない
・経年劣化が少ない

　なお，架空送電線は自然環境の影響を大きく受けるために，さまざまな対策
が行われています。

（a）　雷害対策

　雷害による異常電圧の発生には，送電線路に直接落雷する**直撃雷**と，雷雲―
大地間などに放電が発生した場合に異常電圧が発生する**誘導雷**があります。雷
害への対策には次のような方法があります。

　①　架空地線

　導線上に**架空地線**を設け，導線へ雷が直撃するのを防ぐ方法です。最近では，
架空地線内に通信用の光ファイバを内蔵した光ファイバ複合架空地線
（**OPGW**）が多く用いられています。

　②　塔脚接地抵抗低減

　鉄塔の**塔脚接地抵抗**が高くなると，逆フラッシュオーバが生じやすくなりま
すので，埋設地線や接地棒を塔脚に設置して，接地抵抗を減少させます。

　③　アークホーン設置

　フラッシュオーバ時の碍子の破損を防ぐために，**アークホーン**などの防絡装

置を碍子に取り付けます。

④　電線の太線化

落雷時の断線を防ぐために，電線を太線化します。

⑤　避雷器

避雷器は，破壊電圧よりも低い電圧で放電を開始して電流を大地に分流すると同時に，続流を自動的に遮断する機能を持っています。最近では**酸化亜鉛形避雷器**が用いられています。酸化亜鉛形避雷器は従来のギャップ式のような直列ギャップがありませんので，並列使用ができ，保護特性が良いという特長を持っています。また，単位体積あたりの処理エネルギーを大きくできますので，小型軽量化ができます。しかし，素子に常時電圧が印加されていますので，定期的な評価試験が必要となります。

落雷によって電力系統に発生する異常電圧を雷電圧（外部異常電圧または**外雷**）と呼びますが，内部的な要因によっても異常電圧は発生します。その原因としては，開閉時のサージなどによる過渡的な異常電圧と，持続的な内部過電圧（内部異常電圧または**内雷**）があります。内雷の要因としては，負荷の急変によるもの，1線地絡時の健全相の電圧上昇などがあります。

（b）　塩害対策

海岸付近の潮風が当たる場所では，送電線への塩害対策が必要となります。塩害の例として，碍子に付着した塩分に霧や小雨が当った場合に絶縁が低下し，フラシュオーバを生じるような事例が挙げられます。塩害への対策としては次のような方法があります。

①　碍子増結

碍子を複数連結させて，絶縁距離を長くします。

②　特殊碍子の利用

特殊碍子としては，雨洗効果の大きな**長幹碍子**や，漏れ距離の長い**スモッグ碍子**などがあります。

（c） 雪害対策

大雪地域では，雪や着氷に対する対策が必要となります。豪雪地域で発生する現象には次のようなものがあります。

① ギャロッピング

ギャロッピングは，着氷などによって着氷電線の断面が非対称になった場合に，水平風が当たると浮揚力が発生して，電線が上下に振動される現象です。その防止策として，**相間スペーサ**や**ねじれ防止ダンパ**が取り付けられます（**図表 1.6.2** 参照）。

② スリートジャンプ

スリートジャンプは，電線に着氷していた氷が脱落した際に電線が跳ね上がる現象です。スリートジャンプによる電線の混触などを防ぐために，電線の配置を水平配置にするなどの対策を行います。

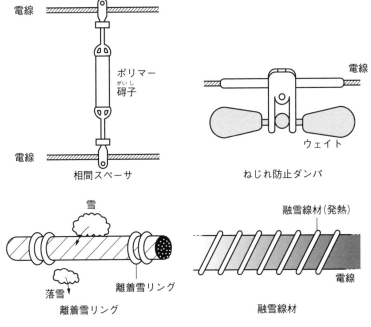

図表 1.6.2　雪害対策

これら以外に，電線に着氷しない対策として，**離着雪リング**や**融雪線材**を用いる方法もあります（図表1.6.2参照）。

（d）　振動対策

穏やかで一様な風が架空電線に直角に吹いたときには，電線の風下に**カルマン渦**が発生し，電線は鉛直方向に振動を行います。そういった共振を防ぐために，振動防止の措置が施されています。

①　テーパアーマロッド

テーパアーマロッドは，碍子付近に電線と同種の材料を1〜3m程度テーパ状に巻きつけたものです（**図表1.6.3** 参照）。

②　ダンパ

ダンパの原理は，架空送電線の支持物間に錘を付けて振動エネルギーを吸収させるもので，**ストックブリッジダンパ**，**バイブレスダンパ**，**トーショナルダンパ**などがあります（図表1.6.3参照）。

③　ベートダンパ

ベートダンパの原理は，電線支持物付近の電線に添線を付けて振動エネルギーを吸収させるもので，架空地線に多く用いられます。

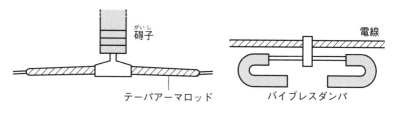

碍子

テーパアーマロッド

電線

バイブレスダンパ

図表1.6.3　振動対策

（3）　地中送電

都市部においては建築物の高層化や集中化が進んでおり，送電線も地中化が進められています。さらに，ビルなどの建築施設の高層化などから負荷の容量も増加しているため，500kV送電も行われています。

（a）　地中送電の特徴

地中送電線の特徴は次のとおりです。

① 　長所

・多数回線を同一の経路に布設できる。

・架空送電線に比べて保守が容易である。

・自然からの影響を架空送電線より受けにくい。

・設備の安全性が高い。

② 　短所

・フェランチ効果により受電端電圧が高くなる傾向が架空送電線より大きい。

・架空送電線に比べて送電容量が小さい。

・架空送電線に比べてキャパシタンスが大きい。

・建設費が高い。

・無負荷線路を切り離した場合の残留電圧が大きい。

注）**フェランチ効果**

　　　負荷の力率は一般に遅れ力率ですので，電流の位相が電圧より遅れているのが一般的です。しかし，負荷が小さい場合には，線路の充電電流の影響が大きくなり，進み電流となって，受電端電圧が送電端電圧よりも高くなる現象が発生します。これを，フェランチ効果といいます。

（b）　ケーブル

地中送電線に用いられているケーブルには，以下のようなものがあります。

① 　CV ケーブル

CV ケーブルは架橋ポリエチレン絶縁電線で，乾式のケーブルのため取り扱いが容易ですし，高低差の大きな場所にでも利用できます（図表1.6.5(a) 参照）。絶縁性能や許容温度（90℃）が高く，**tan δ** や**比誘電率**が小さいので，充電電流が小さくなります。CVケーブルでは，かつて**水トリー現象**が発生して絶縁劣化が問題となりましたが，最近では製造技術の改善により，そういった現象が発生し難くなってきています。なお，CVケーブルには，単心ケーブル以外に，3 心共通シースケーブルと単心ケーブルを 3 条より合わせたトリプレックスケ

図表 1.6.4　架橋ポリエチレンケーブルの特徴

種　　類	特　　　　　徴
単心ケーブル	・ケーブルの熱抵抗が小さい ・3心共通シースケーブルより電流容量を多くとれる
3心共通シースケーブル	・トリプレックスケーブルより外径が小さい ・単心ケーブルと同様にケーブル外形が丸であるので布設が容易である ・絶縁体の誘電率がトリプレックスケーブルより小さい
トリプレックスケーブル	・端末処理は単心ケーブルと同様であり容易である ・共通シースタイプより熱抵抗が小さく10%程度電流容量を多くとれる ・共通シースタイプよりも重量を約10%軽減できる ・オフセットが小さくてすむのでマンホール寸法は小さくできる ・地絡時に相間短絡に移行し難い

ーブル（CVT）があります。これらの特徴を**図表 1.6.4** に示します。

②　OF ケーブル（油入ケーブル）

OF ケーブルは，ケーブル内に油の通路がある圧力形ケーブルです（**図表 1.6.5**(b) 参照）。電力ケーブルは電流が多くなると膨張し，電流が少なくなると収縮しますので，油圧をかけて絶縁油を常にケーブル内に充填させます。絶縁性能もよく，**ボイド**の発生を防止できますので，送電容量も CV ケーブルより大きくなります。ただし，給油設備が必要となりますし，油による火災の心配があります。なお，OF ケーブルの許容温度は 80～85℃ です。

③　POF ケーブル（パイプ形油入ケーブル）

POF ケーブルは，油紙で絶縁した3心の導体を一括して防食した鋼管内に収めて，絶縁油を圧力で充填したケーブルです（図表 1.6.5(c) 参照）。電気的に安定したケーブルですが，絶縁油を大量に必要とするという欠点があります。ただし，屈曲の少ない場所では OF ケーブルよりも経済的です。

なお，交流ケーブルにおける送電損失を低減する方法としては次のようなものがあります。

・素線絶縁体を用いる

・電流は導体表面を導通する分が多いので分割導体を採用する

・誘導正接が小さい絶縁体を用いる

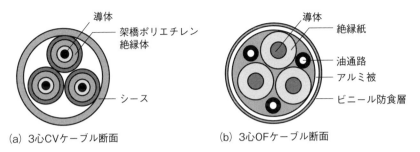

(a) 3心CVケーブル断面 (b) 3心OFケーブル断面

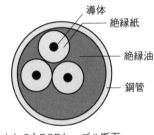

(c) 3心POFケーブル断面

図表 1.6.5　CV，OF，POF ケーブルの断面

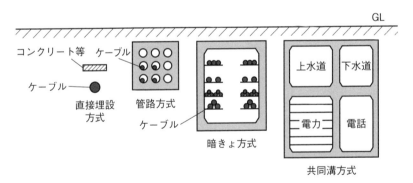

図表 1.6.6　ケーブル布設方式

・ステンレスシースを用いる

・クロスボンド接地方式を用いる

（c）　ケーブル布設方式

地中送電線の布設方法は次のとおりです（**図表 1.6.6** 参照）。

①　直接埋設方式

直接埋設方式は，地中にケーブルを直接埋設する方法で，埋め戻しには砂などのケーブルに損傷を与えないものを使います。地表面を通る重量物からの影響を考慮して，埋設深さ（土冠）や防護のためのコンクリート製ふたなどの対策が取られます。

②　管路方式

管路方式は，合成樹脂管，コンクリート管，鋼管などをあらかじめ埋めておき，管路両端に設けたマンホールからケーブルをそこへ引き入れる方法です。

③　暗きょ方式

暗きょ方式は，地中に設けた暗きょや，地上に開いた開きょ（トレンチ）内にケーブルを布設する方式です。都市部においては，上下水道やガス，電話などとの共同の洞道を用いる**共同溝方式**が多くなっています。

（d）　事故点測定法

ケーブルの事故は架空線に比べると少ないですが，事故が発生すると目視等で事故点を見つけるのが難しいので，次のような測定法が用いられています。

①　マーレーループ法

マーレーループ法は，ホイートストンブリッジの原理を使って，事故が発生したケーブルの心線をブリッジの一辺として，事故点までの抵抗値を高精度で測定する方法です。低抵抗の場合には低圧マーレーループ法を，高抵抗の場合は高圧マーレーループ法を適用します。

②　静電容量法

静電容量法は，ケーブルの事故相と健全相の容量比から事故点の距離を求める方法で，地絡抵抗が $0.1\,\Omega$ 以上であれば直読静電容量計を用い，それ以下ではインピーダンスブリッジが用いられます。

③　パルスレーダ法

パルスを用いる測定法には，**送信形パルス法**と**放電検出形パルス法**があります。送信形パルス法は，事故ケーブルにパルス電圧を加え，事故点からの反射パルスの伝送時間から事故点までの距離を求めます。また，放電検出形パルス

法は，事故ケーブルに高電圧を印加して事故点で放電を起こし，放電によって
生じるパルスを利用して事故点までの距離を求めます。

（4）　直流送電

　直流送電は，送電損失が少なく効率的な送電方法ですが，設備機器の費用が
高いなどの理由から，日本では北海道―本州間や紀伊水道での交流系統間の連
系に用いられています。

（a）　直流送電の特徴

直流送電の特徴は次のとおりです。

①　長所

・送電ロスが少ないので，大電力の長距離送電に適している。

・交流に比べてケーブルの条数が少ないので送電線の建設費が安い。

・ケーブル送電の場合でも充電容量や誘電体損失がない。

・絶縁が交流の $1/\sqrt{2}$ になるため鉄塔が小型化できる。

・周波数の違う電力系統の連系ができる。

・電力潮流の高速制御が容易に行える。

・帰路導線が省略できる。

・直流での系統連系では短絡容量が増大しないので短絡容量低減対策が必要
　ない。

②　短所

・送受電端で交直流変換装置が必要となり費用がかかる。

・高調波・高周波の障害防止対策が必要である。

・交直流変換の際に無効電力を消費するので調相設備が必要となる。

・直流遮断器がないので系統運用の自由度が低い。

・大地帰路では電食問題が発生する。

（b）　送電方式

　直流送電方式には，基本的に，交流送電の単相2線式に相当する**単極構成**と
2回線に相当する**双極構成**があります。そういった極数と帰路の考え方によっ

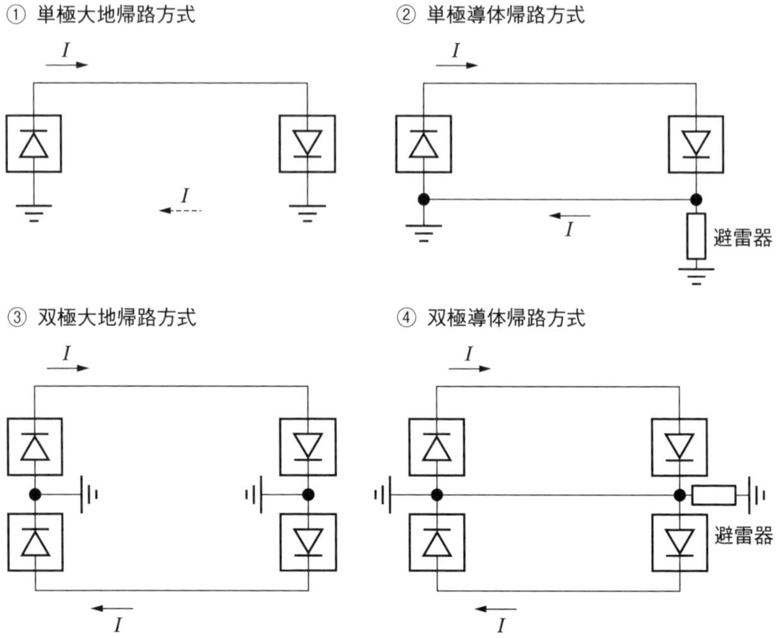

① 単極大地帰路方式　　　　　② 単極導体帰路方式

③ 双極大地帰路方式　　　　　④ 双極導体帰路方式

図表 1.6.7　直流送電方式

て，次のような方式に分けられます（**図表 1.6.7** 参照）。

　①　単極大地帰路方式

　単極大地帰路方式は，単極構成で，往路は導体を用い，帰路は大地や海水を利用する方式です。導体数を少なくできますので，経済的に優れた方式ですが，帰路の定格電流が大地や海水を流れますので，大地に埋設された金属施設への電食や，船舶の磁気コンパスへ悪影響を及ぼします。さらに，通信線への電磁誘導などの問題が発生します。

　②　単極導体帰路方式

　単極導体帰路方式は，単極構成ですが，往路だけではなく帰路にも導体を用いる方式です。この方式では，一方の電路を片側の変換所の接地網で接地させ，もう一方の変換所では避雷器を介して開放しておきます。

③ 双極大地帰路方式

双極大地帰路方式は，双極構成で，一方の往路を正電圧，他方の往路は負電圧として，共通の帰路は中性点で接地して大地を利用するものです。双極がバランスをしていれば，中性点から大地には電流がほとんど流れませんので，①の単極構成に示したような問題は発生しませんが，アンバランスが生じた場合や片側の極が停止した場合には，単極大地帰路方式と同じ問題が生じます。この方式では，片極の線路や変換装置の事故時においても送電を継続できます。

④ 双極導体帰路方式

双極導体帰路方式は，双極構成で，帰路にも導体を用いています。この方式では，②の単極導体帰路方式と同様に中性線を片側の変換所の接地網で接地させ，もう一方の変換所では避雷器を介して開放しておきます。送電のアンバランス時や片側の極の停止においても，電食等の障害は発生しません。

（5） 管路気中送電

管路気中送電（**GIL**：Gas Insulated transmission Line）は，架空送電が難しい都市部において架空送電線なみの送電能力を得るために考えられたものです。構造は，大口径の金属シースの中に SF_6 ガスを加圧充填し，その中に配置された単相または三相の厚肉の銅やアルミニウムのパイプ導体を円盤状または柱状の絶縁スペーサで保持したものです。OF ケーブルと比較して，静電容量が小さく，有効送電距離が著しく長くなるだけでなく，導体損などによる温度上昇を抑制できるという特長を持っています。

7 配変電

配変電の内容で，変圧器については第 2 章の電気応用で，低圧配電については第 5 章の電気設備で詳しく説明しますので，ここでは次の点について説明を行います。

（1） 高圧配電方式

高圧配電系統は，需要家に電気を届ける仕組みであるため。信頼性と経済性の面から，次のような方式が用いられています。

（a） 樹枝状方式

樹枝状方式は，需要家に向けて幹線と分岐線を延長していく方式ですので，地域の需要家の位置に合わせて配電するため経済的な方式です（**図表** 1.7.1（a）参照）。しかし，変電所から需要家までのルートが限られるため，電力供給の信頼性の面では劣ります。

（b） ループ方式

ループ方式は，配電線路を環状にしているので，信頼性の面では樹枝状方式よりも勝ります（図表 1.7.1（b）参照）。ループ方式には，ループ点開閉器を常時開けておく常時開路ループ方式と，常時閉じておく常時閉路ループ方式がありますが，日本では常時開路ループ方式が広く用いられています。

（c） 常用予備切換方式

常用予備切換方式は，特別高圧や高圧の需要家に電力を供給する場合に電力供給の信頼性を高める目的で，2回線の放射状配電線から T 分岐する方式です（図表 1.7.1（c）参照）。通常は常用線から受電しますが，停電事故や保守作業などで常用線が使えない場合には，予備線に切り替えて受電します。

（d） スポットネットワーク方式

スポットネットワーク方式は，ビルなどの大きな電力需要がある需要家など，電力供給の信頼性が求められる場合に用いられる方式です（図表 1.7.1（d）参照）。複数の配電線から T 分岐で引き込む方式ですから，1回線が故障しても，他の回線から需要家の全負荷を供給できますので，信頼性が高くなります。T分岐された回線は，受電用断路器を経てネットワーク変圧器で降圧され，低圧側はプロテクタ遮断器を経て，ネットワーク母線に並列に接続されます。

（2） 中性点接地方式

電力系統を健全に運営していくには，中性点の接地方式が大きな要素となり

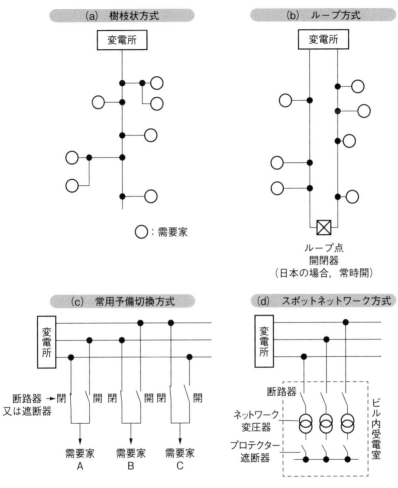

図表 1.7.1　高圧配電方式

ます。中性点接地方式については，次のような方式があります。

（a）非接地方式

非接地方式は，33 kV 以下の系統で，単相変圧器 3 台を Δ 結線した場合など
で，送電距離が短い際に用いられます。

（b）　直接接地方式

　直接接地方式は，変圧器の中性点を直接接地する方式で，187 kV 以上の送電系統で採用されています。この方式の長所としては，1 線地絡時の健全相電圧上昇がほとんどなく，各相の対地電圧上昇が小さく，地絡電流が大きいため故障の選択遮断が確実に行えるなどがあります。また短所としては，地絡電流が大きいため通信線に電磁誘導障害を起こしたり，地絡故障の過渡安定度が悪くなるなどの他，地絡電流によって直列機器にダメージを与える可能性もあります。

（c）　抵抗接地方式

　抵抗接地方式は，抵抗を通して中性点を接地する方式で，154 kV 以下の系統で用いられています。この方式は，抵抗値を大きくして地絡電流を抑えるため，通常は高抵抗接地になっています。長所として，1 線地絡電流が小さいので，通信線への電磁誘導は少なくなります。しかし，健全相の電圧上昇が高いため，絶縁レベルの低減はできません。

（d）　補償リアクトル接地方式

　補償リアクトル接地方式は，大電力ケーブル系統に適用される方式です。フェランチ効果への対策として，ケーブルの充電電流を補償するリアクトルを，中性点抵抗と並列に設置します。これによって大地充電電流を補償し，1 線地絡時における健全相の異常上昇を抑制できます。

（e）　消弧リアクトル接地方式

　消弧リアクトル接地方式は，対地静電容量と共振するリアクトルを介して接地する方式です。1 線地絡時の対地充電電流を消弧リアクトル電流で打ち消しますので，停電や異常電圧の発生を防止します。

（3）　電力系統安定度向上

　ユーザーに電力を安心して使ってもらうためには，恒常的に電力系統を安定させる必要があります。電力系統の安定度を向上させる方法として，送電系統側で行う対策と発電機側で行う対策があります。

図表 1.7.2　電力系統安定度向上策

送電系統側で行う対策	発電機側で行う対策
・直列コンデンサの設置 ・中間調相機の設置 ・送電線インピーダンスの低減 ・変圧器インピーダンスの低減 ・事故区間の高速遮断 ・制動抵抗の設置	・速応励磁方式（交流励磁方式，サイリスタ励磁方式）の採用 ・タービン高速バルブ制御の採用 ・回転機の**はずみ車効果**（GD²）を大きくする ・回転子に制動巻線を設ける ・発電機の短絡比を大きくする

それをまとめると，**図表 1.7.2** のようになります。

（4）　短絡容量

電力系統の**短絡容量**は，系統容量が増加したり，系統連系が密になるほど増加します。それによって短絡電流や地絡電流が増えるため，遮断器の遮断容量が不足したり，電力設備への損傷が発生したりします。そのため，次のような短絡容量軽減策が採られます。

① 　系統の分割

② 　発電機や変圧器の高インピーダンス化

③ 　限流リアクトルの設置

④ 　変電所の母線分離による系統構成の変更

⑤ 　系統の放射状運用

⑥ 　直流連系の導入による系統の分割

短絡時の故障電流の概算値を求めたり，保護協調資料を得るために，短絡電流を計算する必要があります。その方式として，**%インピーダンス法**や**パーユニット法**が用いられます。その場合に，オームインピーダンスとの換算は，下記の式を用います。

・パーセントインピーダンス ［%］

$$= \frac{\text{オームインピーダンス ［Ω］×基準三相容量 ［kVA］}}{\text{（基準線間電圧 ［kV］)}^2 \times 10}$$

・パーユニットインピーダンス [p.u.]

$$= \frac{\text{オームインピーダンス} [\Omega] \times \text{基準三相容量} [\text{kVA}]}{(\text{基準線間電圧} [\text{kV}])^2 \times 1{,}000}$$

パーセントインピーダンス法を使った具体的な例を例題で説明します。

例題

下図に示す受電点の短絡容量を計算せよ。ただし，変電所のパーセントインピーダンス% Z_S, 配電線のパーセントインピーダンス% Z_t は，いずれも 10[MVA] を基準容量（単位容量）とする。

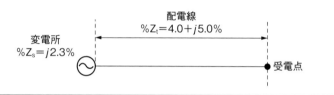

解答：

この合成%インピーダンス（% Z）は下記の式で求められます。

% Z = % Z_s + % Z_t = j2.3 + 4.0 + j5.0 = 4.0 + j7.3

よって，|% Z| は次のようになります。

$$|\% Z| = \sqrt{4.0^2 + 7.3^2} = \sqrt{16 + 53.29} = \sqrt{69.29} \fallingdotseq 8.32 \ (\%) = 8.32 \times 10^{-2}$$

この合成インピーダンスと基準容量から短絡容量を求めると次のようになります。

$$\text{短絡容量} = \frac{10 \ [\text{MVA}]}{8.32 \times 10^{-2}} = \frac{1{,}000}{8.32} \ [\text{MVA}] \fallingdotseq 120 \ [\text{MVA}]$$

（5）　無効電力補償

電力網にはさまざまな力率の負荷が接続されるために，無効電力が大きくなってしまう場合があります。そういった際に無効電力を調整する設備が**調相設備**になります。調相設備を導入する基本的な目的は，無効電力潮流を送電線に載せずに，送電線の損失を軽減することです。調相設備として用いられるもの

には，進相用の**電力用コンデンサ**と遅相用の**分路リアクトル**があります。また，進相・遅相の両方に使用できる**同期調相機**があります。それらの特徴を**図表1.7.3**に示します。

図表 1.7.3 調相設備の特徴

項目	電力用コンデンサ	分路リアクトル	同期調相機
初期コスト	小	小	大
ランニングコスト	小	小	大
電力損失	小 （出力の 0.2% 以下）	中 （出力の 0.5% 以下）	大 （出力の 1.5〜2.5%）
保守	容易	容易	難
無効電力吸収能力	進相用	遅相用	進相／遅相用
運用	段階的	段階的	連続的
電圧調整能力	小	小	大

　最近では，電力系統が複雑化しているために，系統の電圧変動現象も同時に複雑化してきています。そういった電力系統の状況下で安定度を維持するためには，調相制御の応答速度の高速化と，進相から遅相までの連続的な調整が不可欠となってきています。そういった高度な制御を実現するために，**静止型無効電力補償装置（SVC）**が用いられるようになってきています。静止型無効電力補償装置は，次のような特長を持っています。

① 無効電力を連続かつ高速に制御できる。

② 電力系統の電圧維持効果が期待できる。

③ 電力系統の過渡安定度向上効果が期待できる。

④ アーク炉負荷等のフリッカ防止対策として利用できる。

静止型無効電力補償装置の例を**図表 1.7.4**に示します。

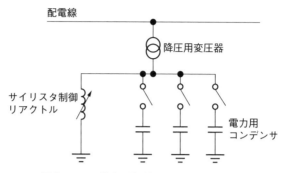

図表1.7.4　静止型無効電力補償装置（例）

（6）　周波数調整

　周波数は，**図表1.7.5** に示すように，発電電力と需要電力のアンバランスが
生じると変動します。具体的には，需要電力が発電電力を上回ると周波数は低
下していきます。その逆に，発電電力が需要電力を上回ると周波数は上昇して
いきます。周波数の変動は，負荷の機器へ悪影響を及ぼすだけでなく，最悪の
場合には，系統全体の供給停止（**ブラックアウト**）にまで発展する危険性があ
ります。

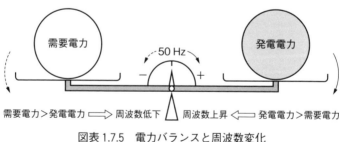

図表1.7.5　電力バランスと周波数変化

（7）　電圧フリッカ

　電力系統にアーク炉や溶接機，圧延機などのように電流値が急激かつ大きく，
しかも不規則に変動する負荷が接続された場合には，系統電圧が不規則な変動

を起こします。その現象を**フリッカ**といいます。フリッカが起きると，精密機械装置の動作に不具合が生じたりします。また，蛍光灯などの照明にちらつきを生じさせ，それが著しくなると人に不快感を与える結果となります。ちらつきの尺度は，電圧変動の周波数成分で人間が最も感じやすい 10 Hz の成分に補正したフリッカ許容値 ΔV_{10} を用います。電力系統側での対策としては，供給を専用線にしたり，短絡容量が大きな系統にするなどの方法があります。

（8）　需要諸係数

　配電計画を実施する場合には，次のような**需要諸係数**を考慮して行いますので，それぞれの定義を覚えておいてください。

（a）　需要率

　需要率は，需要家の負荷設備と実際にかかる負荷の最大値との百分率ですので，次の式で求められます。

$$\text{需要率} = \frac{\text{最大需要電力}}{\text{設備容量}} \times 100 \ [\%]$$

（b）　不等率

　不等率は，各々の負荷の最大需要電力の合計と負荷群を総括したときの最大需要電力の比ですので，次の式で求められます。

$$\text{不等率} = \frac{\text{各負荷の最大需要電力の和}}{\text{総括したときの最大需要電力}}$$

（c）　負荷率

　負荷率は，その期間中の負荷の最大電力に対するある期間の負荷の平均電力の百分率ですので，次の式で求められます。

$$\text{負荷率} = \frac{\text{ある期間中の負荷の平均電力}}{\text{その期間中の負荷の最大電力}} \times 100 \ [\%]$$

（d）　負荷密度

　負荷密度は配電設備計画の基礎値となるもので，単位面積（1 km²）当たりや通過電柱 1 本当たりの値で表します。一般によく使う例としては，建築物の

電力量を推定する際に用いる単位床面積当たりの負荷密度［VA/m²］がありま
す。

（e）　損失係数

　損失係数は，ある期間の電流の2乗の平均をその期間の最大電流の2乗で除
した値ですので，次の式で求められます。

$$\textbf{損失係数} = \frac{\text{ある期間の電流の2乗の平均}}{\text{その期間の最大電流の2乗}} \times 100 \; [\%]$$

第 **2** 章

電気応用

　電気応用として技術士第二次試験の選択科目の内容として示されているもの
は，次のとおりです。

―電気応用―

> 電気機器，アクチュエーター，パワーエレクトロニクス，電動力応用，電
> 気鉄道，光源・照明及び静電気応用に関する事項
> 電気材料及び電気応用に係る材料に関する事項

　実際の第一次試験および第二次試験では，電気回路，電磁気学，回転機，変
圧器，電気加熱，パワーエレクトロニクス，電池，電気電子材料，電気鉄道な
どの内容が出題されています。それらの中から，特に重要な部分を重点的にま
とめてみます。

1 電気回路

　電気回路は電気電子部門における共通知識ともいえる内容ですが，ここでは
基礎的な事項を中心に復習をしておきます。電気回路については，技術士第一
次試験では出題数も多く中心的な内容といえますが，それだけではなく，技術
士第二次試験でも複数の選択科目で共通した内容として出題されています。

（1）　直流回路

電気回路解法の基礎としてはまず一番目にオームの法則があり，次にキルヒホッフの法則があります。そういった基礎知識を使って，抵抗値や電圧，電流を求める問題が第一次試験では多く出題されています。

（a）　オームの法則

オームの法則は，「物質に電流 I を流すと，その両端に I に比例する電圧 V が発生する。」という法則で，$V=RI$ の関係が成立します。この場合の R の単位がオーム（Ω）になります。なお，抵抗の逆数を**コンダクタンス**と呼び，単位は**ジーメンス**（siemens）になります。

（b）　キルヒホッフの第一法則

キルヒホッフの第一法則は，「回路の任意の接点から流出する電流の総和はゼロである。」というもので，**キルヒホッフの電流則**とも呼ばれます。**図表2.1.1** に示した回路を使って，X点における電流の関係式を示すと次のようになります。

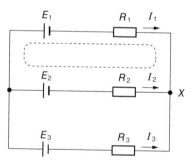

図表2.1.1　回路における電圧と電流

$$I_1+I_2+I_3=0$$

（c）　キルヒホッフの第二法則

キルヒホッフの第二法則は，「抵抗による電圧効果の総和は，回路内の起電力の総和に等しい。」というもので，**キルヒホッフの電圧則**とも呼ばれます。図表2.1.1 に示した回路で破線閉路に沿って関係を式に示すと，次のようにな

ります。

$$R_1 I_1 - R_2 I_2 = E_2 - E_1$$

（d） 電圧源

電圧源は，流れ出る電流に無関係に一定の電圧を供給する電源で，記号とし
て**図表 2.1.2** のように表します。

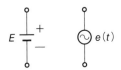

図表 2.1.2　電圧源の記号

（e） 電流源

電流源は，どのような負荷を接続しても，常に一定の電流を供給する電源で，
記号として**図表 2.1.3** のように表します。

図表 2.1.3　電流源の記号

（f） 合成抵抗の求め方

合成抵抗は，抵抗の直列・並列の組合せで求めることができます。例として，
図表 2.1.4 の回路の合成抵抗 (R) は次の式で求められます。

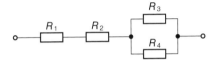

図表 2.1.4　抵抗の直・並列

$$R = R_1 + R_2 + \cfrac{1}{\cfrac{1}{R_3} + \cfrac{1}{R_4}}$$

（g）　並列接続時の電流

並列接続された回路の電流と電圧の関係を表すことによって，電流や抵抗を求める計算をする場合が多くあります。**図表 2.1.5** のような回路で関係式を表すと次のようになります。

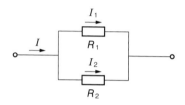

図表 2.1.5　並列接続時の電流

$$I = I_1 + I_2$$
$$I_1 \times R_1 = I_2 \times R_2$$

（h）　直列接続時の電圧

直列接続された回路の電圧の関係を表すことによって，電流や抵抗を求める計算をする場合が多くあります。**図表 2.1.6** のような回路で関係式を表すと次のようになります。

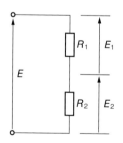

図表 2.1.6　直列接続時の電圧

$$E_1 = E \times \frac{R_1}{R_1 + R_2}$$

（ⅰ）　ブリッジ回路

　第一次試験では，**ブリッジ回路**が平衡している状態，いわゆる**図表 2.1.7** に示すような**ホイートストンブリッジ**になっている状態を問題として出題している場合が多くあります。

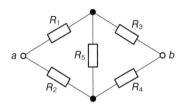

図表 2.1.7　ホイートストンブリッジ

　このブリッジ回路では，相対する抵抗の積が，下記の関係にあるとします。

$$R_1 \times R_4 = R_2 \times R_3$$

　この場合を平衡しているといい，ab 間に電圧をかけても R_5 には電流が流れません。

　なお，**図表 2.1.8** のような回路もホイートストンブリッジである点を認識す

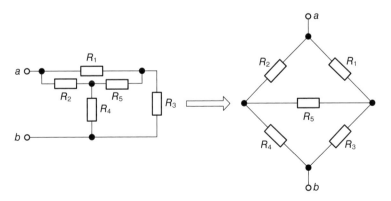

図表 2.1.8　回路の書き換え

る必要があります。

（ｊ）　テブナンの定理

テブナンの定理は，内部に電源を含む回路の任意の2点間に抵抗 r を接続したときに，流れる電流 I は，次の式で求められるというものです（**図表2.1.9** 参照）。なお，R は端子 a—b から回路側を見た内部抵抗になります。

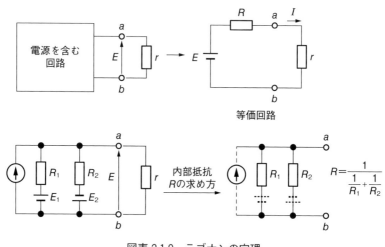

図表 2.1.9　テブナンの定理

$$I = \frac{E}{R+r}$$

　内部抵抗 R を求める場合には，電圧源は短絡，電流源は開放したものとして求めます。

（ｋ）　ノートンの定理

ノートンの定理は，**図表2.1.10** に示すような内部に電流を含む回路の任意の枝に接続されたコンダクタンス g の端子電圧 V が下記の式で求められるというものです。a—b 間を短絡したときに流れる電流が I で，内部コンダクタンスが G になります。

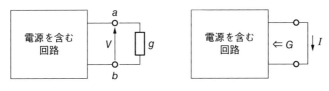

図表 2.1.10　ノートンの定理

$$V = \frac{I}{G+g}$$

　第一次試験では直流回路の問題は多く出題されます。どれも難しい問題ではなく，基礎をしっかり身につけていれば解答できる問題になっています。その例題を下記に示します。

例題

　下図のような回路がある。この回路において $V_1 = 11\,\text{V}$，$V_2 = 17\,\text{V}$ のとき $I_1 = 4\,\text{A}$，$I_2 = 8\,\text{A}$ であった。$V_1 = 8\,\text{V}$，$V_2 = 10\,\text{V}$ のとき $I_1 = 4\,\text{A}$ であったとすれば，I_2 はいくつになるか。

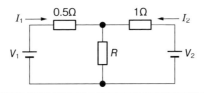

解答：

　$V_1 = 11\,\text{V}$，$V_2 = 17\,\text{V}$ のときに $I_1 = 4\,\text{A}$，$I_2 = 8\,\text{A}$ ですので，R には $12\,\text{A}$ 流れています。それを使って，下記の式から R が求められます。

$$4 \times 0.5 + 12R = 11$$

$$12R = 9$$

$$R = \frac{3}{4}\ [\Omega]$$

　次に，$V_1 = 8\,\text{V}$，$V_2 = 10\,\text{V}$，$I_1 = 4\,\text{A}$ のときには，下記の式から I_2 が求められます。

$$1 \times I_2 + \frac{3}{4}(4 + I_2) = 10$$

$$\frac{7}{4}I_2 + 3 = 10$$

$$\frac{7}{4}I_2 = 7$$

$$I_2 = 4 \ [\text{A}]$$

これは数字で答えが出る問題ですが，次の問題は文字式が解答となる問題例になります。

例題

電圧源とコンダクタンス $G_1 \sim G_3$ からなる下図の回路で，コンダクタンス G_3 の電圧 v_3 を求めよ。

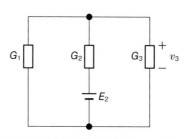

解答：

問題文の回路は，次の図のように書き直せます。

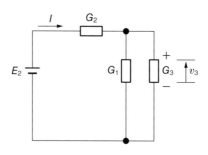

合成のコンダクタンス（G）は次の式になります。

$$\frac{1}{G} = \frac{1}{G_1 + G_3} + \frac{1}{G_2} = \frac{G_1 + G_2 + G_3}{(G_1 + G_3)G_2}$$

図中の電流 I は，次の式で表せます。

$$I = \frac{(G_1 + G_3)G_2 E_2}{G_1 + G_2 + G_3}$$

以上より，v_3 は次のようになります。

$$v_3 = \frac{I}{G_1 + G_3} = \frac{G_2 E_2}{G_1 + G_2 + G_3}$$

（2） 過渡現象

過渡現象とは電流や電圧が定常状態になるまでの現象を示すものです。

（a） *RC* 回路の過渡現象

図表 2.1.11 で示された *RC* 直列回路で S を投入した際に流れる電流は，次の式で表されます。

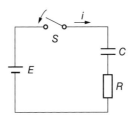

図表 2.1.11　*RC* 直列回路

$$i = \frac{E}{R} e^{-\frac{t}{CR}}$$

（b） *RL* 回路の過渡現象

図表 2.1.12 で示された *RL* 直列回路で S を投入した際に流れる電流は，次の式で表されます。

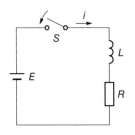

図表 2.1.12　*RL* 直列回路

$$i = \frac{E}{R}(1 - e^{-\frac{R}{L}t})$$

過渡現象に関する例題を示しますので，参考にしてください。

例題

下図に示される，スイッチ，直流理想電圧源，抵抗器，コンデンサ（キャパシタ）からなる回路で，時刻 $t=0$ で，スイッチを閉じる。そのとき，コンデンサの電圧 $v(t)$ に関して微分方程式

$$\frac{\mathrm{d}v(t)}{\mathrm{d}t} = av(t) + bE \,(t \geq +0)$$

が成り立つ。ただし，R, C, E は定数である。この微分方程式の解で，初期条件 $v(0) = v_0$ を満たす電圧 $v(t)$ を求めよ。

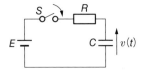

解答：

　スイッチング後の微分方程式は，キルヒホッフの電圧則より，次のようになります。

$$RC \frac{\mathrm{d}v(\mathrm{t})}{\mathrm{d}t} = -v(t) + E$$

$$\frac{\mathrm{d}v(\mathrm{t})}{\mathrm{d}t} = -\frac{1}{RC} v(t) + \frac{1}{RC} E$$

この式と問題文の式から，a と b は次のようになります。

$$\mathrm{a} = -\frac{1}{RC}, \quad \mathrm{b} = \frac{1}{RC}$$

ここで，$t =$ 無限のとき，$v(t) = E$ となるのは明らかですので，$v(t)$ の一般解は次のようになります。

$$v(t) = \mathrm{k}e^{-\frac{t}{RC}} + E$$

また，$v(0) = v_0$ ですので，k は次の式より求められます。

$$v(0) = \mathrm{k} + E = v_0$$

$$\mathrm{k} = v_0 - E$$

したがって，$v(t) = (v_0 - E)e^{-\frac{t}{RC}} + E$

（3） 電界とコンデンサ

（a） クーロンの法則

クーロンの法則は，距離 r を隔てておかれた 2 つの点電荷 Q_1, Q_2 の間に作用する力の大きさが下記の式になり，2 つの電荷が同符号のときに斥力，異符号のときに引力が両者の結合線上に作用するという法則です。そのとき作用する力を**クーロン力**といいます。

$$F = \frac{1}{4\pi\varepsilon_0} \frac{Q_1 Q_2}{r^2} \qquad \varepsilon_0：\textbf{真空中の誘電率}(= 8.85 \times 10^{-12} \ [\mathrm{F/m}])$$

（b） 電界

2 つの電荷に働く力はクーロン力ですが，これを 1 つの電荷の近傍にその電荷の電気的勢力が発生していると考え，電気的な勢力を及ぼす場を電気の場あ

るいは**電界**といいます。静止した電荷がつくる電界を**静電界**と呼び，正電荷に働く力をその電荷量で割ったものを**電界の強さ**といい，$E[\mathrm{V/m}]$ で表します。点電荷 $Q[\mathrm{C}]$ に働く静電力は次の式で表せます。

$$F = QE$$

（c）　ガウスの法則

ガウスの法則とは，任意の閉曲面 S が囲む領域内の電荷を Q とすると，次の式が成り立つというものです。なお，$\mathbf{n}$ は S 上の単位法線ベクトルです。

$$\int_{\mathrm{S}} E \cdot \mathbf{n}\,\mathrm{d}S = \frac{Q}{\varepsilon_0}$$

例題

半径 a の球において，電荷 Q がすべて球面のみに一様密度で分布したときの電界は，球の中心からの距離を r としたときどのようになるか。ただし，球内外の誘電率は ε_0 であるとする。

解答：

　電荷が球面にのみ分布している場合には，$r<a$ は球内ですので電荷 $Q=0$ であるため，電界は 0 となります。

　また，$r>a$ の場合には，球外における電界ですので，ガウスの法則により，球面を通り抜ける**電気力線**は $\dfrac{Q}{\varepsilon_0}$ 本となります。半径 r の地点が含まれる球の面積は $4\pi r^2$ ですので，電気力線の面積密度は $\dfrac{Q}{\varepsilon_0} \cdot \dfrac{1}{4\pi r^2}$ となります。

　電気力線の密度が電界の強さとなるので，電界 E は次のようになります。

$$E = \frac{1}{4\pi\varepsilon_0} \cdot \frac{Q}{r^2}$$

（d）　コンデンサ

コンデンサに電圧を印加したときに電荷を蓄える能力を**静電容量**といいます

が，静電容量 C のコンデンサに電圧（V）がかけられた際に蓄えられる電荷 Q は，次の式で表されます。

$$Q = CV$$

また，このコンデンサに蓄えられるエネルギー（W）は，次のようになります。

$$W = \frac{1}{2} CV^2$$

また，直流電源電圧を V，誘電率を ε，電極の面積を S，極板の間隔を d とすると，コンデンサに蓄えられるエネルギー（W）は次の式で表されます。

$$W = \frac{1}{2} \frac{\varepsilon S}{d} V^2$$

この場合に，電極には互いに引き寄せあう**静電力**が働きますが，その力（F）は，次の式で表されます。

$$F = \frac{1}{2} \frac{\varepsilon S}{d^2} V^2$$

以上の内容を具体的な例題で考えてみると，次のようになります。

例題

静電容量 2 F の 1 つのコンデンサに電圧 1 V を充電した後，全く充電されていない静電容量 $\frac{1}{2}$ F のコンデンサを 2 つ並列接続し，十分時間が経ったとき，並列接続された 3 つのコンデンサに蓄えられる全静電エネルギーの値を求めよ。

解答：

　静電容量 2 F のコンデンサに電圧 1 V を充電した際に蓄えられる電荷 Q［クーロン］は次のようになります。

$$Q = 2 \times 1 = 2$$

このコンデンサに静電容量 $\dfrac{1}{2}$ F のコンデンサを2つ並列接続した際の電圧を $V[\mathrm{V}]$ とすると，次の式が成り立ちます。

$$2V + \frac{1}{2}V + \frac{1}{2}V = Q = 2$$

$$3V = 2$$

$$V = \frac{2}{3}$$

この場合に3つのコンデンサに蓄えられている全静電エネルギー W は次のようになります。

$$W = \frac{1}{2}QV = \frac{1}{2} \times 2 \times \frac{2}{3} = \frac{2}{3} \ [\mathrm{J}]$$

（4）　交流回路

正弦波交流の一般式は，次のように表されます。

$$E = V_m \sin \omega t$$

E：瞬時値，V_m：最大値，ω：角速度，t：時間

交流の**実効値**（V）は，次の式で求められます。

$$V = \frac{V_m}{\sqrt{2}}$$

抵抗のみの回路においては，電流と電圧は同相になりますが，**図表 2.1.13** のような**誘導リアクタンス回路**では，進み電圧（遅れ電流）になります。

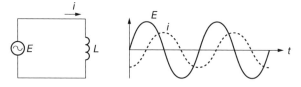

図表 2.1.13　誘導リアクタンス回路

なお，この場合のインピーダンスは jωL となります。

また，**図表2.1.14**のような**容量リアクタンス回路**では，進み電流（遅れ電圧）になります。

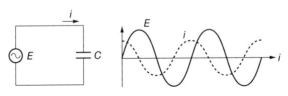

図表 2.1.14　容量リアクタンス回路

なお，この場合のインピーダンスは $\dfrac{1}{j\omega C}$ となります。

これを使って，**図表 2.1.15** のインピーダンス Z を求めると次のようになります。

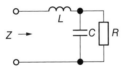

図表 2.1.15　RLC 回路のインピーダンス

$$Z = \cfrac{1}{j\omega C + \cfrac{1}{R}} + j\omega L = \frac{R}{j\omega RC + 1} + j\omega L = \frac{R - \omega^2 RLC + j\omega L}{j\omega RC + 1}$$

（5）　三相交流

三相交流は産業用で広く用いられていますが，三相交流では周波数が同じ3つの単相交流が $2\pi/3$ ずつ位相がずれて存在しています。三相交流電圧をフェーザ図で示すと**図表 2.1.16** のようになります。

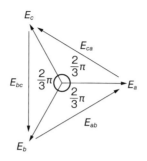

$$E_a,\ E_b,\ E_c：相電圧$$
$$E_{ab},\ E_{bc},\ E_{ca}：線間電圧$$

図表 2.1.16　三相交流フェーザ図

　一般に三相交流の結線方法としては，**図表 2.1.17** に示す星形結線（**Y 結線**）と三角結線（**Δ 結線**）が用いられます。これら 2 つの結線に接続されたインピーダンスを，それぞれ等価変換する場合の公式を再確認しておきます。

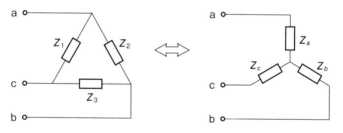

図表 2.1.17　三角結線と星形結線の等価変換

（a）　**三角結線→星形結線**

$$Z_a = \frac{Z_1 Z_2}{Z_1 + Z_2 + Z_3}$$

$$Z_b = \frac{Z_2 Z_3}{Z_1 + Z_2 + Z_3}$$

$$Z_c = \frac{Z_3 Z_1}{Z_1 + Z_2 + Z_3}$$

（ｂ） 星形結線→三角結線

$$Z_1 = \frac{Z_a Z_b + Z_b Z_c + Z_c Z_a}{Z_b}$$

$$Z_2 = \frac{Z_a Z_b + Z_b Z_c + Z_c Z_a}{Z_c}$$

$$Z_3 = \frac{Z_a Z_b + Z_b Z_c + Z_c Z_a}{Z_a}$$

（６） ひずみ波交流

ひずみ波交流とは，正弦波ではない周期的な波形をした交流です。ひずみ波はフーリエ級数展開を使うと，周波数の異なる正弦波の周期波形として表すことができます。

$$i = \sqrt{2}\,I_1 \sin(\omega t + \theta_1) + \sqrt{2}\,I_2 \sin(2\omega t + \theta_2) + \sqrt{2}\,I_3 \sin(3\omega t + \theta_3)$$
$$+ \cdots\cdots + \sqrt{2}\,I_n \sin(n\omega t + \theta_n)$$

ひずみ波交流の実効値 I は次のようになります。

$$I = \sqrt{I_1{}^2 + I_2{}^2 + I_3{}^2 + \cdots\cdots + I_n{}^2}$$

ひずみ波の有効電力は，直流分，基本波，高調波交流が単独に回路に存在すると考えた場合の，各有効電力の総和となります。ひずみ波の力率を総合力率といい，ひずみ波の有効電力をひずみ波の皮相電力で除した値で定義されています。

また，ひずみ率は，次の式で定義されます。

$$\textbf{ひずみ率} = \frac{\text{全高調波の実効値}}{\text{基本波の実効値}}$$

2 電磁気学

電磁気学は，電気と磁気の関係を表したもので，基礎的な学問の一つである

といえます。そのため，第一次試験では多くの問題が出題されていますし，他の問題でも電磁気学が基礎となっている内容が多くあります。

（1）　ビオ・サバールの法則

真空中において，電流 I が流れる長さ Δl の部分が，r 離れた点Pに生じる磁束密度 ΔB は次の**ビオ・サバールの法則**の式で表せます。なお，方向は点Pと Δl とを含む面に垂直で，向きは右ねじの法則に従います。

$$\Delta B = \frac{\mu_0}{4\pi} \frac{I}{r^2} \Delta l \sin\theta \qquad \mu_0：真空中の透磁率$$

この法則を使った問題例を次に示します。

例題

下図のように，透磁率が μ の真空中で半径 R の円形回路に電流 I が流れている状況を考え，円の中心Oを通り，円と垂直方向の直線上に点Pをとる。OPの長さを x としたとき，点Pにおける磁束密度 B を表す式を求めよ。ただし，微小長さの電流 Ids が距離 r だけ離れた点に作る磁束密度 dB は，電流の方向とその点の方向とのなす角を θ とすると，以下のビオ・サバールの法則で与えられる。

$$dB = \frac{\mu}{4\pi} \frac{Ids}{r^2} \sin\theta$$

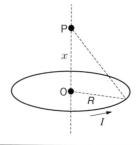

解答:

導体の微小部分 ds が r だけ離れた点 P に生じさせる磁束 dB は,ビオ・サバールの法則から次のようになります。

$$dB = \frac{\mu}{4\pi} \frac{I\mathrm{ds}\sin\theta}{r^2}$$

この問題では,$\sin\theta = \sin\dfrac{\pi}{2} = 1$,$r^2 = x^2 + R^2$ ですので,次のようになります。

$$dB = \frac{\mu I\mathrm{ds}}{4\pi(x^2 + R^2)}$$

これを下図のように軸と平行な成分 $dB_1 = dB\sin\phi$ と垂直な成分 $dB_2 = dB\cos\phi$ に分解すると,垂直な成分は ds の位置によってその向きが変わります。その結果,コイルの全円周で考えると dB_2 の総和は 0 になります。一方,dB_1 は次のようになります。

$$dB_1 = \frac{\mu I\mathrm{ds}}{4\pi(x^2 + R^2)}\sin\phi = \frac{\mu I\mathrm{ds}}{4\pi(x^2 + R^2)}\frac{R}{(x^2 + R^2)^{1/2}}$$
$$= \frac{\mu I R\mathrm{ds}}{4\pi(x^2 + R^2)^{3/2}}$$

$$B = \int_0^{2\pi\mathrm{R}} dB_1\mathrm{ds} = \frac{\mu I R^2}{2(x^2 + R^2)^{3/2}}$$

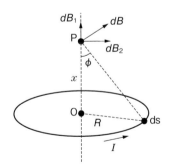

（2）　真空中にある無限長線状導体が作る磁束密度

無限に長い直線状の線状導体に電流 I が流れているときに，この導体から a だけ離れた点の磁束密度は次の式で表せます。

$$B = \frac{\mu_0}{2\pi}\frac{I}{a}$$

これを具体的な例題で考えてみると，次のようになります。

例題

下図のように，間隔 d で配置された無限に長い平行導線 l_1 と l_2 に沿って，電流 $3I$ と $2I$ がそれぞれ逆方向に流れている。導線 l_2 から鉛直方向に距離 a 離れた点 P における磁界の強さ H が零であるとき，a と d の関係を表す式を求めよ。ただし，平行導線 l_1, l_2 と点 P は，同一平面上にあるものとする。

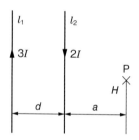

解答：

逆方向に流れる2つの電流によって発生する磁界の強さが点 P において 0 となるので，次の式が成り立ちます。

$$\frac{3I}{a+d} = \frac{2I}{a}$$

$$3a = 2a + 2d$$

$$a = 2d$$

（3） アンペールの法則

アンペールの法則は，「定常電流（I）が流れている導線をかこむ半径 R の任意の閉曲線に沿って磁束密度を線積分すると，電流 I に比例する。」というもので，式で示すと次のようになります。

$$\mathrm{rot}\, B = \mu_0 I \qquad B：磁束密度，\ \mu_0：透磁率$$

このときの**磁束密度** B は次の式で表されます。

$$B = \frac{\mu_0 I}{2\pi R}$$

また，**磁界の強さ** H と磁束密度の関係は $B = \mu_0 H$ ですので，上記の式は次のように書き表せます。

$$H = \frac{I}{2\pi R}$$

このように，電流によって磁場が作られますが，磁場は他の電流に力を及ぼします。具体的には，二つの導電体に電流が流れている際に，それらの電流が同じ向きである場合には引力が働き，電流が逆向きの場合には斥力が働きます（**図表 2.2.1** 参照）。

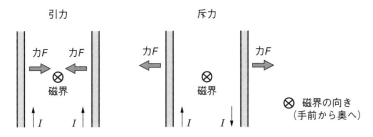

図表 2.2.1　平行な導線に電流を流したときに働く力

（4） レンツの法則

レンツの法則は，「電磁誘導によって生じる起電力は，磁束の変化を妨げる電流を生じるような向きに発生する。」というものです。それを図で示すと**図表 2.2.2** のようになります。

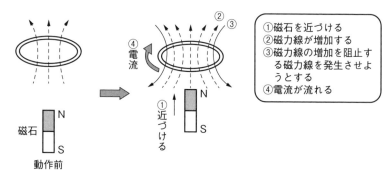

①磁石を近づける
②磁力線が増加する
③磁力線の増加を阻止する磁力線を発生させようとする
④電流が流れる

図表 2.2.2　レンツの法則

（5）　フレミングの左手の法則

フレミングの左手の法則は，「磁場内に置かれた導線に電流が流れている場合に，左手の人差し指を磁場の方向，中指を電流の方向に向けると，導線には親指の方向に力を受ける。」というものです。図で示すと**図表 2.2.3** のようになります。

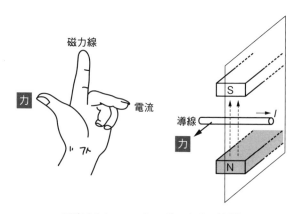

図表 2.2.3　フレミングの左手の法則

（6）　フレミングの右手の法則

フレミングの右手の法則は，「磁場内で磁力線に垂直においた導線を磁場に

垂直に動かした場合に，右手の人差し指を磁場の方向，親指を導線の運動方向
としたときに，中指の方向に誘導電流が流れる。」というものです。図で示す
と**図表 2.2.4** のようになります。

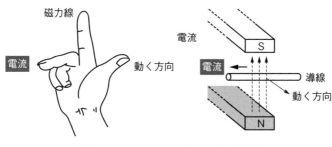

図表 2.2.4　フレミングの右手の法則

（7）　コイルの磁束とエネルギー

自己インダクタンス L のコイルに電流（i）を流した際の**全磁束** ϕ は，次の
式で表されます。

$$\phi = Li$$

また，このコイルに蓄えられるエネルギー（W）は，次のようになります。

$$W = \frac{1}{2}Li^2$$

3　回転機

回転機は，電気エネルギーと機械エネルギーを相互に変換する装置ですので，
発電機や電動機として多くの場所で使われています。回転機には，直流機と同
期機，誘導機があります。

（1）　直流機

　直流機は磁界を発生する界磁とトルクを受け持つ電機子で構成されています。直流発電機の発電原理は運動起電力を利用しており，直流電動機は磁束と電流による電磁力を利用しています。直流機は，始動トルクが大きく，速度制御が容易ですので，これまでも広く用いられてきた回転機です。しかし，直流機に不可欠なブラシや整流子の保守が煩雑であるという欠点があります。直流機の種類と特性は以下のとおりです。

（a）　励磁方法による分類

　励磁方法には，大きく分けて，電機子回路と別の電源で界磁巻線を励磁する他励式と同じ電源で励磁する自励式があります。

　①　他励直流機

　他励直流機は，負荷の大きさに関係なく一定の回転速度で動作する電動機で，界磁電流の調整によって回転速度を加減できます。励磁電流と磁束の関係はほぼ比例関係にあるので，界磁電流が半分になると磁束も半分になります。また，直流電動機の速度は電機子誘起電圧に比例し，磁束に反比例するので，磁束が半分になると速度は2倍になります。他励直流機は，負荷電流の増加によって回転速度が上がり，安定しない場合があります。

　②　分巻直流機

　分巻直流機は，自励直流機の1つで，界磁巻線と電機子巻線が並列に接続されています。分巻直流機は，負荷の大きさに関係なく一定の回転速度で動作する電動機で，界磁の調整によって回転速度を加減できます。分巻直流機は，他励直流機と同様に，負荷電流の増加によって回転速度が上がり，安定しない場合があります。

　③　直巻直流機

　直巻直流機は，自励直流機の1つで，界磁巻線と電機子巻線が直列に接続されています。直巻直流機は，端子電圧が一定でも負荷の大きさによって回転速度が変わります。そのため，負荷の減少によって速度が急激に増加しますので，安全性の面からは最低限の負荷が常に接続されている必要があります。

④ 複巻直流機

複巻直流機は，自励直流機の1つで，2つの界磁巻線がそれぞれ並列と直列に接続されています。さらに，複巻直流機の場合には，界磁巻線の極性が同一の和動複巻と極性が相反する差動複巻があります。一般には和動複巻が用いられます。複巻直流機は，分巻直流機と直巻直流機の中間の特性を現します。

（b） **速度制御**

速度制御には，次のような方法があります。

① 界磁制御

界磁制御は，界磁電圧や電流を制御することにより界磁磁束を変えて速度を制御する方法で，容易に広い範囲の速度制御ができます。しかし，界磁を弱めて高速運転を行うと，速度が不安定になりやすくなるため，注意が必要です。

② 抵抗制御

抵抗制御は，直巻直流機に適用される速度制御方法で，電機子回路に直列に抵抗を挿入して速度を制御します。直列抵抗制御の場合は，抵抗で消費されたエネルギーが熱として放出されるため効率が悪くなりますが，界磁制御に比べて速度調整範囲が広いだけでなく，細かな制御も行えます。

③ 電圧制御

電圧制御は，他励直流機に適用される速度制御方法で，電機子巻線に加える電圧を変えて速度を制御します。円滑な始動が行えますし，正転だけではなく逆転も行えますので，運転効率の良い速度制御方法です。

（2） **同期機**

同期機は，定常運転時に極数と交流周波数で定まる同期速度で回転する交流回転機械です。回転速度は次の式で表せます。

$$回転速度 = \frac{120f}{P} \qquad \begin{array}{l} f：周波数 \\ P：極数 \end{array}$$

（a） **始動方式**

直流機の始動方式には次のようなものがあります。

①　全電圧始動

全電圧始動は，定格周波数，定格電圧の電源を直接入力して始動させる方法ですので，始動電流が大きくなります。そのため，配電設備の電源容量が十分に大きな場合や，小容量の電動機を始動する場合に用いられます。

②　リアクトル始動

リアクトル始動は，始動用リアクトルを直列に接続して，始動電流を抑制する方法で，リアクトルは始動完了後に短絡されます。この方式では始動電流を抑制できますが，始動電流を全電圧始動の $1/a$ に抑えた場合に，始動トルクは全電圧始動の場合の $1/a^2$ になりますので，始動トルクの減り方が大きいのが欠点になります。

③　始動補償器始動

始動補償器始動は，始動補償器と呼ばれる単巻変圧器を用いて，同期電動機にかかる電圧を軽減して始動する方式です。この方式では，始動電圧を $1/a$ に下げた場合に，始動電流と始動トルクは全電圧始動に比べて $1/a^2$ になります。補償器始動では，始動後に全電圧に切り換えますが，その際に大きな突入電流を生じる場合があります。

④　始動電動機始動

始動電動機始動は，同期電動機に直結した誘導電動機などで始動させる方法です。この方法は，大型機の始動電流を制限する必要がある場合や，高速機などの始動に用いられます。

⑤　低周波始動

低周波始動は，始動専用の可変周波数電源を用いて始動して低周波で同期化を行った後，定格周波数まで電源の周波数を上げてから，主電源に切り換える方法です。

⑥　サイリスタ始動

サイリスタ始動は，サイリスタ装置によって電動機の電源周波数を変えて，停止状態から定格速度まで速度を上昇させる方法です。

（b） 同期発電機の並行運転

同期発電機を系統や他の発電機と並行運転する場合には，次の条件が満たされていなければなりません。

① 誘起起電力の大きさが等しい。

② 誘起起電力が同位相である。

③ 誘起起電力の周波数が等しい。

④ 誘起起電力の波形が等しい。

これらが一致していない場合には，過大な電機子電流やトルク，電磁力が発生し，同期発電機に損害を与えるだけではなく，系統へも影響が及びます。

（c） 同期発電機の安定度向上

同期発電機の運転中に負荷が変動した場合に，安定的に運転を継続させるための安定度向上策として，以下の対策があります。

① 発電機の同期リアクタンスを小さくする。

② 発電機の逆相・零相インピーダンスを大きくする。

③ 回転部の**はずみ車効果**（GD^2）を大きくする。

④ 励磁装置の応答速度を速くする。

（d） 永久磁石同期電動機

永久磁石同期電動機は，永久磁石で界磁磁束を得ますので，界磁用の電源が不要となりますし，ブラシレス構造のためにメンテナンス面でもメリットが多い電動機です。三相誘導電動機で生じる二次銅損もなく，高効率で高力率な運転が可能となりますし，騒音が少なく，省スペースという特長も備えています。回転子の構造によって，**埋込磁石式（IPM）**と**表面磁石式（SPM）**がありますが，埋込磁石式は，ロータ表面での渦電流損が大幅に軽減できますので，産業用電動機として広く用いられるようになっています。永久磁石同期電動機は，低速運転では最大トルク制御を行い，高速運転時には弱め磁束制御を行います。

（3） 誘導機

誘導機は，固定子と回転子が互いに独立した巻線を持っており，電磁誘導に

よって，一方が他方の巻線にエネルギーを伝えて回転する非同期機です。回転速度は次の式で表せます。

$$回転速度 = \frac{120f}{P}(1-s)$$

f：周波数，s：滑り
P：極数

（a）　三相誘導電動機の始動方式

三相誘導電動機の始動方式には次のようなものがあります。

① 　全電圧始動

全電圧始動は，定格周波数，定格電圧の電源を直接入力して始動させる方法ですので，直入始動方式とも言います。始動電流は定格の 500〜700% 程度になります。そのため，配電設備の電源容量が十分に大きな場合や，小容量の電動機の始動に用いられます。

② 　スターデルタ始動

スターデルタ始動は，運転時は固定巻線が Δ 結線で運転される電動機を，始動時に Y 結線として始動し，最終的に Δ 結線に戻す方法です。巻線電圧が $1/\sqrt{3}$ になり，始動電流と始動トルクは全電圧始動の 1/3 になります。

③ 　リアクトル始動

リアクトル始動は，始動用リアクトルを直列に接続して，始動電流を抑制する方法で，リアクトルは始動完了後に短絡されます。この方式では，始動電流を全電圧始動の $1/a$ に抑えた場合に，始動トルクは $1/a^2$ になります。中大容量機に用いられます。

④ 　始動補償器始動

始動補償器始動は，始動補償器と呼ばれる三相単巻変圧器を用いて，電動機にかかる電圧を下げて始動する方式です。この方式では，始動電圧を $1/a$ に下げた場合に，始動電流と始動トルクは全電圧始動に比べて $1/a^2$ になります。

⑤ 　コンドルファ始動

コンドルファ始動は，始動時に始動補償器始動を行い，回転数の上昇に伴ってリアクトル始動に切り替える方式です。これによって，補償器始動から全電圧に切り換えたときに発生する突入電流を抑えることができます。

⑥ 一次抵抗始動

一次抵抗始動は，リアクトル始動のリアクトルの代わりに抵抗を用いた始動方式です。抵抗による熱損失が大きいという欠点がありますが，経済的な方法ですので，小容量機に用いられます。

⑦ インバータ始動

インバータ始動は，可変電圧可変周波数のインバータを用いて電動機を始動する方法で，ソフトスタートとも呼ばれます。多頻度の始動を行う場合に多く用いられます。

（b） 三相誘導電動機の速度制御方式

三相誘導電動機の速度制御方式には次のようなものがあります。

① 一次電圧制御

一次電圧制御は，誘導電動機のトルクが一次電圧の2乗に比例することを利用した速度制御方式で，かご形誘導電動機に用いられます。

② 一次周波数制御

一次周波数制御は，電源の周波数を変えて速度を制御する方法で，インバータを用いた V/f 一定制御を行うのが一般的です。

③ 極数切換制御

極数切換制御は，誘導機の巻線の極数を切り換えることによって，同期速度を変えて制御する方法ですので，速度調整は段階的になります。

④ 二次抵抗制御

二次抵抗制御は，巻線形誘導電動機の速度制御方式で，トルクの比例推移を利用して，二次端子に挿入した可変抵抗を加減して速度調整を行います。

⑤ 二次励磁制御

二次励磁制御は，巻線形誘導電動機の速度制御方式で，二次端子に外部から電圧を加え，その大きさと位相を変えることによって速度を制御する方法です。代表的な方法として，**クレーマ方式**と**セルビウス方式**があります。

（c） 三相誘導電動機の制動方式

制動とは，減速や停止を行うための方法で，摩擦ブレーキのような機械制動

以外に次のような電気的制動が用いられます。

① 発電制動

発電制動は，一次巻線を電源から切り離して励磁用直流電源に接続し，二次側に交流を発生させて，それを熱として消費することによって制動する方法です。

② 回生制動

回生制動は，運転速度を同期速度以上にするか，電源周波数を下げることによって，発電領域で動作させ，誘導発電機として電力を回生する方法です。

③ 逆相制動

逆相制動は，三相のうちの二相の接続を入れ替えて，回転磁界の方向を負荷の回転と逆にして制動を行う方法です。

④ 渦電流制動

渦電流制動は，電動機に渦電流ブレーキを直結して制動する方法です。

4　変圧器

変圧器とは，電磁誘導作用を用いて，交流電圧や電流を変成する静止誘導機器で，鉄心と2つ以上の巻線からできています。

（1）　変圧器の特性

変圧器の一次巻を N_1，二次巻線を N_2，一次電流を I_1，二次電流を I_2，一次電圧を E_1，二次電圧を E_2 とすると，各特性は以下のようになります（**図表 2.4.1** 参照）。

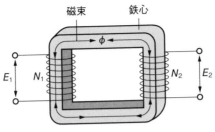

図表 2.4.1　変圧器の原理

（a）　巻線比

$$巻線比(a) = \frac{N_1}{N_2} = \frac{E_1}{E_2}$$

（b）　磁束と印加電圧の関係

E：電圧，f：周波数，n：巻数，ϕ：磁束の最大値とした場合に，磁束と印加電圧の関係は下記の式で求められます。

$$E = \sqrt{2}\pi f n \phi$$

（c）　一次巻線電流

変圧器の一次側巻線に流れる電流は，励磁電流と一次負荷電流（二次負荷電流と等アンペアターンの関係にある電流 $= aI_2$）の合成電流です。

（d）　定格容量

二巻線変圧器容量 $= E_2 \cdot I_2 \, [\mathrm{VA}]$

三相変圧器容量 $= \sqrt{3}\, E_2 \cdot I_2 \, [\mathrm{VA}]$

（e）　短絡インピーダンス（インピーダンス電圧）

短絡インピーダンスとは，一方の巻線を閉路して，定格周波数を加えたときに，もう一方の巻線端子間で測定された等価星形結線換算のインピーダンスで，通常，基準インピーダンスに対する％で示します。％で表した短絡インピーダンスは，一方の巻線を短絡し，定格電流が流れたときの電圧の定格電圧に対する比率に等しくなります。短絡インピーダンスは**インピーダンス電圧**とも呼びます。なお，インピーダンス電圧は電圧変動率を少なくするためには低いほう

がよいのですが，系統の短絡容量の面からは高いほうが望ましくなります。

（f）　基準インピーダンス

基準インピーダンスとは，インピーダンスを百分率やパーユニットで表すときの基準値で，下記の式で求められます。

$$基準インピーダンス = \frac{(タップ電圧)^2}{定格容量}$$

（g）　変圧器の損失と効率

変圧器の損失には，**図表 2.4.2** に示すものがあり，補機損は変圧器の損失の中には含めません。

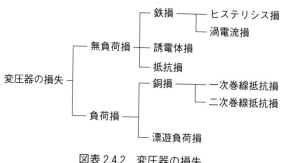

図表 2.4.2　変圧器の損失

変圧器の効率は，**無負荷損**と**負荷損**が等しくなる場合に**最大**になります。なお，**鉄損**には**渦電流損**と**ヒステリシス損**がありますが，渦電流損は周波数の2乗に比例し，ヒステリシス損は周波数に比例します。

（2）　変圧器の種類

変圧器は内鉄形と外鉄形の2種類に分類されます。その他にも，変圧器の分類の方法にはいくつかあります。

（a）　相数による分類

相数の違いによって単相器と三相器がありますが，単相器は，照明用や小容量器に限定されており，一般に三相器が用いられています。

（b）　巻線数による分類

変圧器には，**単巻変圧器**，**二巻線変圧器**，**三巻線変圧器**がありますが，受変電設備においては，二巻線変圧器と三巻線変圧器が用いられています。

（c）　絶縁および冷却方法による分類

①　乾式変圧器

乾式変圧器は小容量の変圧器に用いられます。通常は，大気で自然冷却する形式ですが，容量が大きくなるとファンで強制的に冷却する**乾式風冷式**変圧器を用います。

②　油入変圧器

油入変圧器は保守も容易で広く用いられています。**油入自冷式**は，油の対流によって放冷器から外気に熱を放出します。放冷器に冷却ファンを付けて強制的に冷却を行うものが**油入風冷式**になります。

パネル形放冷器と本体タンク間に油ポンプをおいて，油を強制的に循環させるものを**導油自冷式**と呼びます。その放冷器にファンを付けると，**導油風冷式**になります。また，放冷器を水冷にしたものを，**導油水冷式**といいます。

③　ガス入変圧器

ガス入変圧器は，油の代わりにガスを封入したものです。**ガス入自冷式**は保守も容易です。中大容量器になると，ガスを強制的に循環させる**導ガス自冷式**や，さらにファンを追加して冷やす，**導ガス風冷式**を用います。

（d）　使用電圧による分類

・**A 種変圧器**：発電機電圧から高圧または特別高圧に昇圧する変圧器
・**B 種変圧器**：特別高圧から他の特別高圧に昇圧する変圧器
・**C 種変圧器**：特別高圧または高圧から高圧に降圧する変圧器
・**D 種変圧器**：高圧から低圧に降圧する変圧器

（3）　変圧器の結線

三相変圧器の結線には，基本的に，星形（Y）と三角形（Δ）を用います。

（a）　Y—Δ 結線，Δ—Y 結線

Y—Δ 結線と Δ—Y 結線では，中性点が接地できますので，異常電圧を軽減できますし，第三調波励磁電流を還流できますので，正弦波電圧を誘起できるという特長があります。また，中性点用負荷時タップ切換器を採用でき，三相インピーダンスや変圧比に差がある場合にでも，Δ 巻線に循環電流が流れないという特長もあります。しかし，一次と二次間に30°の位相差が生じますし，1相が故障すると使用できないという短所もあります。

Δ—Y 結線は発電所の昇圧変圧器に，Y—Δ 結線は変電所の降圧変圧器に広く用いられます。

（b）　Y—Y 結線

Y—Y 結線は，一次，二次とも中性点を接地できますし，一次と二次間に位相差も生じませんが，第三調波励磁電流を還流する Δ 回路がないために，誘起起電力がひずみ波形になります。

（c）　Δ—Δ 結線

Δ—Δ 結線では，第三調波励磁電流の還流回路がありますので，正弦波電圧が誘起されます。しかし，中性点接地ができませんし，小容量で高電圧の変圧器においては巻線の占有率が低下します。そのため，この結線は 77 kV 以下の受電用変圧器に多く用いられます。

（d）　Y—Y—Δ 結線

Y—Y—Δ 結線では，Δ 巻線内を第三調波電流が流れるため，上記 Y—Y 結線の欠点が解消されます。Δ 巻線は，中性点電圧の安定と零相インピーダンスの低減のために三次巻線として用いられます。そのため，Δ 巻線を**安定巻線**といいます。

（e）　V 結線

V 結線は，Δ—Δ 結線の1相を欠いたもので，故障時の応急措置などに用いられますが，常用としては用いられません。出力は，Δ—Δ 結線のときの58%になりますし，容量利用率は 86.6% になります。

（4）　変圧器の並行運転

変圧器を並行運転する条件は，次のとおりです。

① 　巻線比が等しい。

② 　一次と二次の電圧が等しい。

③ 　極性が合っている。

④ 　短絡インピーダンスが等しい。

⑤ 　巻線抵抗と漏れリアクタンスの比が等しい。

⑥ 　三相変圧器の場合は，相回転方向と位相変位が等しい。

三相変圧器の並行運転が可能な組合せと不可能な組み合わせは**図表 2.4.3** のとおりです。

図表 2.4.3　変圧器の並列運転

並行運転が可能な組合せ	並行運転ができない組合せ
$\varDelta$—$\varDelta$ 結線と $\varDelta$—$\varDelta$ 結線，Y—$\varDelta$ 結線と Y—$\varDelta$ 結線，Y—Y 結線と Y—Y 結線，$\varDelta$—Y 結線と $\varDelta$—Y 結線，Y—Y 結線と $\varDelta$—$\varDelta$ 結線，$\varDelta$—Y 結線と Y—$\varDelta$ 結線，V 結線と V 結線，Y—Y 結線と V 結線	$\varDelta$—$\varDelta$ 結線と $\varDelta$—Y 結線，$\varDelta$—$\varDelta$ 結線と Y—$\varDelta$ 結線，$\varDelta$—Y 結線と Y—Y 結線

5　電気加熱

　電気加熱は，電気エネルギーを熱エネルギーに変換する技術です。その変換方法には電磁波や電磁誘導などのさまざまな方法があります。実際に，工業分野だけではなく家庭電器製品にまで，さまざまな電気加熱機器が用いられています。そのいくつかを説明します。

（1）　抵抗加熱

抵抗加熱は，抵抗体に電流を流した場合に発生する**ジュール熱**で加熱を行う方法です。その熱量式は次のようになります。

$$P = I^2 R \ \text{[W]} \qquad I：電流 \ \text{[A]}, \ R：抵抗値 \ \text{[Ω]}$$

　抵抗加熱には，炉内の発熱体を加熱して，炉内に置かれた被加熱体を間接的に加熱する間接加熱と，被加熱体に直接通電して発熱させる直接加熱があります。

（a）　間接加熱

　間接加熱は，被加熱材の材質や形状にかかわらず均一な加熱ができますし，高精度な温度制御もできます。また，力率が良く，騒音を発生する心配もありませんが，急速加熱はできません。また，高温加熱の場合には，発熱体の寿命を考慮しなければなりません。

　工業的には，炭素鋼の焼入れ炉やクリプトル炉，半導体製造炉などに用いられています。家庭用電気製品では電熱器，電気温水器，トースタなど多くの機器に用いられています。

（b）　直接加熱

　直接加熱は，直接被加熱材を加熱しますので，効率良く急速加熱ができますが，複雑な形状の被加熱材を均一には加熱できません。また，導体以外の加熱もできませんし，抵抗値の小さな被加熱材は効率が悪くなります。

　工業的には，ガラス溶解炉や黒鉛化炉などに用いられています。

（2）　赤外加熱

　赤外加熱は，赤外放射を利用する加熱方式で，その利用する波長範囲の違いで，**近赤外放射**（0.78～2 μm），**中赤外放射**（2～4 μm），**遠赤外放射**（4 μm～1 mm）の3つがあります。赤外加熱は，熱損失が少なく，急速加熱ができますし，温度制御も容易です。また，装置が簡単ですので保守も容易になるなど，多くの長所を持っています。逆に，赤外加熱は被加熱材表面の加熱はできますが，内部加熱を目的とした場合には対応できません。また，熱容量の大きな被加熱材や，水などの透過物の加熱には適していません。

　工業的には，塗装の焼付けや食品の加熱加工，プラスチック成型前の加熱などに用いられます。家庭用電気製品としても，遠赤外加熱暖房器具やこたつなどの機器に用いられています。

（3）　アーク加熱

　アーク加熱は，複数の電極間や，電極と被加熱材間に放電アークを発生させて加熱する方法です。アーク柱は 4,000〜6,000 K の高温になりますので，高温加熱や急速加熱，大容量加熱が必要な場合に利用されます。しかし，アーク自体は不安定ですし，装置からはフリッカや騒音，高調波などが発生しますので，周囲に環境問題を発生させる可能性があります。また，アーク加熱はあくまでもスポット的な加熱になります。

　工業的には，鉄鋼用アーク炉，電気精錬炉，アーク溶接などに用いられています。

（4）　熱プラズマ加熱

　プラズマは，固体，液体，気体に次ぐ第 4 の状態で，ガスがエネルギーを得て電離状態にある電離気体状態をいいます。**熱プラズマ**は，アーク放電によって発生させることができますが，アーク放電よりも高温で高エネルギーが得られます。

　工業的にはプラズマ溶射やプラズマアーク溶接などに用いられています。

（5）　誘導加熱

　被加熱材の周りにコイルを巻き，そこに交流電流を流すと，被加熱材に電磁誘導によって**渦電流**が誘導され，その渦電流によるジュール熱で被加熱材が加熱されます。この原理を用いたのが**誘導加熱**です。誘導加熱は，被加熱材の内部を直接加熱できますし，均一な高温加熱ができるだけではなく，加熱温度の制御も容易です。しかし，被加熱材が導電性のものに限られますし，複雑形状のものは均一加熱が難しいという欠点があります。

　工業的には，金属の熱間加工前の加熱などに用いられています。家庭用電気製品では電磁調理器（IH クッキングヒータ）として用いられており，通常20〜50 kHz の周波数が用いられます。

（6）　誘電加熱

　誘電体を高周波電界中に配置すると，誘電体を構成する分子に**電気分極**が発生します。この分極現象は位相遅れによって誘電損を生じますので，それが電力損失としてジュール熱を発生させます。この熱による加熱を**誘電加熱**といいます。誘電加熱では，短時間に被加熱材内部まで均一に加熱できますし，包装された外から内部を加熱することもできます。ただし，複雑な形状のものは均一な加熱が難しいですし，電波漏洩対策が必要となります。

　工業的には，プラスチックの接着や木材の乾燥，食品の解凍などに用いられています。

（7）　マイクロ波加熱

　マイクロ波加熱の加熱原理は誘導加熱と同様ですが，使用する周波数がマイクロ波帯（300 MHz～30 GHz）にあるときにマイクロ波加熱といいます。マイクロ波加熱は，加熱室内に被加熱材を置き，電磁波を照射します。マイクロ波加熱は，短時間で効率の良い加熱ができます。また，複雑な形状の被加熱材も均一に加熱できます。しかし，被加熱材は加熱室より小さくしなければなりませんし，電波漏れ対策が必要になります。

　工業的には，食品の調理加工や木材の乾燥などに使われています。家庭用電気製品としては，電子レンジが広く用いられています。電子レンジには，**ISMバンド**という周波数が用いられており，2,450 MHz を使用しています。

（8）　レーザ加熱

　レーザとは，波長，位相，方向がそろった電磁波です。レーザは光や放電によって放出された光子がレーザ媒体の原子や分子に吸収されて，さらに光子を誘導放出するという方法で発振させて発生させます。レーザ光の波長は，レーザ媒体の原子や分子によって決まります。**レーザ加熱**では，高密度エネルギーを局部に集中させられますし，離れた場所からの加熱や光ファイバーを通した伝達ができます。ただし，光を反射する物質の加熱や大きな物質全体の加熱が

できません。また，熱エネルギーの変換効率が悪いという欠点もあります。

　工業的には，レーザ加工機や溶接，材料の局部熱処理，製品などへのマーキングなどに使われています。

（9）　電子ビーム加熱

　電子ビームは，真空中で高温に加熱した陰極の表面から発する電子を，高電圧で陽極方向に加速し，陽極中央に空けられた穴から加工室に放出させる方法で発生させます。**電子ビーム加熱**は，その電子ビームを電磁レンズで制御して，荷電粒子のビームとして，被加熱材に照射する方法によって加熱を行います。電子ビーム加熱は，電子ビームが正確に制御できますので，高融点材料の精密な熱加工ができます。しかし，装置自身が高価であり，総合的なエネルギー効率が悪いという欠点があります。

　工業的には高融点金属の溶解や溶接，表面処理などに利用されています。

6　パワーエレクトロニクス

　パワーエレクトロニクスは，電力変換と電力開閉に関する技術分野ですので，主に半導体電力変換装置の内容について勉強しておかなければなりません。その代表的なデバイスは次のようなものになります。

（1）　ダイオード

　ダイオードには，**整流ダイオードとショットキーバリアダイオード**があります。整流ダイオードは，1方向性のバルブデバイスであり，ラッチ性はなく，整流や高速スイッチングに利用されています。ショットキーバリアダイオードは，半導体基板に金属を蒸着して作られますので，耐圧が低いため，高周波整流用途に用いられています。

（2）　逆阻止三端子サイリスタ

サイリスタは，pnpn 構造のスイッチングデバイスの総称で，その中で**逆阻止三端子サイリスタ**が一般に用いられています。逆阻止三端子サイリスタは，陽極，陰極，ゲートの三端子を有している 1 方向性のデバイスで，オン機能とラッチ性を有しますが，オフ機能は有していません。コストが安いために民生機器に多く利用されています。

（3）　トライアック

トライアックは，双方向性三端子サイリスタのことで，pnpnp の 5 層からなっています。電流を双方向に制御でき，オン機能とラッチ性を有していますが，オフ機能は有していません。交流電力の制御に適しており，家庭電気製品に多く用いられています。

（4）　ゲートターンオフサイリスタ（GTO）

ゲートターンオフサイリスタは，正の信号でターンオンし，負の信号でターンオフするデバイスです。ゲートターンオフサイリスタは pnpn 構造をしており，一般に 1 方向性で，ラッチ性を有したものが用いられています。

（5）　バイポーラパワートランジスタ

バイポーラパワートランジスタには npn 形と pnp 形があり，電力用には主に npn 形が用いられます。バイポーラパワートランジスタは，コレクタ，エミッタ，ベースの三端子を有している 1 方向性のデバイスです。オン機能とオフ機能は有していますが，ラッチ性は有していません。スイッチング用途に用いられるため，高増幅率で，スイッチング速度が速く，損失が少ないことが要求されます。

（6）　パワーMOSFET

パワーMOSFET は，ソース，ドレイン，ゲートの三端子を有している 1 方

向性の多数キャリアデバイスで，オン機能とオフ機能は有していますが，ラッチ性は有していません。パワーMOSFET は，高速でのスイッチングが可能で，高周波での使用ができますので，中小容量の電源装置に広く用いられています。

（7）　絶縁ゲートバイポーラトランジスタ（IGBT）

　絶縁ゲートバイポーラトランジスタ（IGBT）は，パワーMOSFET とバイポーラパワートランジスタの長所を生かしたデバイスで，コレクタ，エミッタ，ベースの三端子を有している 1 方向性のデバイスです。オン機能とオフ機能は有していますが，ラッチ性は有していません。絶縁ゲートバイポーラトランジスタは，高速動作が可能で，高耐圧で低オン抵抗という特長を持っていますので，電子レンジや電磁調理器などの家庭用電気製品から，インバータやロボットなどの産業機械にまで広く用いられています。

（8）　SI（静電誘導）トランジスタ

　SI トランジスタは，ソース，ドレイン，ゲートの三端子を有しており，ゲート電圧で電位障壁の高さを，静電的に変えて制御するデバイスです。SI トランジスタは，1 方向性でオン機能とオフ機能を有していますが，ラッチ性は有していません。SI トランジスタは，高速性，低オン電圧，低損失などの特長を持っていますので，各種電源装置やモータ制御装置に用いられています。

（9）　直流変換回路

　直流—直流変換回路（直流チョッパ）は，パワー半導体を用いて，直流電流を高頻度にオン—オフし，オン時間とオフ時間の比率を変えることで，出力電圧値あるいは出力電流値を制御します。直流チョッパには下記のものがあり，入力電圧 E，オン時間 T_{ON}，オフ時間 T_{OFF} とすると，平均出力電圧 V は次のようになります。

　①　降圧チョッパ

　降圧チョッパは図表 2.6.1 のような回路になっており，平均出力電圧 V は次

の式で表せます。

$$V = \frac{\mathrm{T_{ON}}}{\mathrm{T_{ON}} + \mathrm{T_{OFF}}} E = \alpha E \qquad \alpha：通電率$$

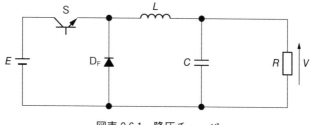

図表 2.6.1　降圧チョッパ

② 昇圧チョッパ

昇圧チョッパは**図表 2.6.2** のような回路になっており，平均出力電圧 V は次の式で表せます。

$$V = \frac{\mathrm{T_{ON}} + \mathrm{T_{OFF}}}{\mathrm{T_{OFF}}} E = \frac{1}{1-\alpha} E$$

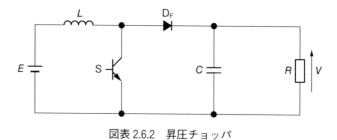

図表 2.6.2　昇圧チョッパ

③ **昇降圧チョッパ**

昇降圧チョッパは**図表 2.6.3** のような回路になっており，平均出力電圧 V は次の式で表せます。

$$V = \frac{\mathrm{T_{ON}}}{\mathrm{T_{OFF}}} E = \frac{\alpha}{1-\alpha} E$$

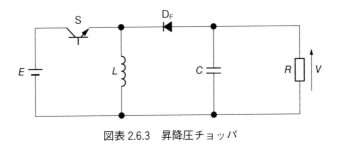

図表 2.6.3　昇降圧チョッパ

7　電池

　電池は，モバイル社会の電源として非常に重要な要素技術となっていると同時に，電力平準化対策のための基幹技術としても重要になっています。電気工学ハンドブック（電気学会）による電池の定義は，「物質の化学的変化や物理的な変化にともなう自由エネルギー変化を直接電気エネルギーに変換する装置」となっています。

（1）　一次電池

　一次電池は，化学的変化が電気エネルギーを取り出す方向にのみ働く電池です。言い換えると，放電はできますが，その逆の反応である充電ができない電池になります。基本的な構成としては，起電反応に直接関与する活物質が正極と負極にあり，その間に電解質というイオン伝導体が充填されている構造になっています。下記に一次電池の代表例とその特徴を示します。

（a）　マンガン乾電池

　マンガン乾電池は，電解質水溶液をでんぷんなどで固形状にしてありますので，見かけ上は電解質が液体でないため，乾電池と呼ばれています。マンガン乾電池は，電池の中では最も古くから利用されており，安価な電池ですが，古くなると漏液を起こす危険性があります。

（b）　アルカリマンガン電池

正極および負極活物質はマンガン乾電池と同様ですが，電解質にアルカリ水溶液を用いているために，**アルカリマンガン電池**と呼ばれます。アルカリマンガン電池は，高容量で，低温特性が良く，作動電圧が安定しており，重負荷放電にも耐えることができます。

（c）　空気―亜鉛電池

空気―亜鉛電池は，反応が遅いために短時間で大きな電流を流せませんが，長時間連続に使用するには適した電池です。空気―亜鉛電池は，正極活物質として空気中の酸素を用いるために，高エネルギー密度であり，放電電圧は安定しています。主に，長期間無保守で使用される，信号や航空標識などの機器に利用される電池です。

（d）　リチウム電池

リチウム電池は，負極活物質としてリチウムを用いていますが，リチウムは水と激しく反応するために，電解質として水溶液を用いることができません。そのため，炭化プロピレンなどの有機溶媒に電解質を溶かして用います。

（2）　二次電池

二次電池は，充電と放電の繰り返しができる電池です。二次電池の特性として，急速充電性や充放電の繰り返しサイクル数の多さ（**サイクル寿命**）などが求められます。それ以外では，過充電や過放電特性も問題とされます。二次電池の代表例と特徴を下記に示します。

（a）　鉛蓄電池

鉛蓄電池は，古くから用いられてきた二次電池で，自動車用として広く用いられてきました。鉛蓄電池は，高信頼性と経済性を備えていますが，過充電や過放電，高温下での使用などによって寿命が劣化するという点や，自己放電が大きいという問題点があります。

（b）　ニッケル―カドミウム電池

ニッケル―カドミウム電池は，アルカリ蓄電池の中では古くから利用されて

いる電池で，開放形と密閉形があります。ニッケル―カドミウム電池は，低温特性が良く，重負荷特性にも優れており，寿命も長いなど，多くの特長を持っています。さらに密閉型のものは，保守性が高いという特長も備えています。しかし，公称電圧が低く，高コストという欠点があり，最近では，次に示すニッケル―金属水素化合物電池に置き換わりつつあります。

（c）　ニッケル―金属水素化合物電池

ニッケル―金属水素化合物電池は，ニッケル―カドミウム電池のカドミウムの代わりに水素吸蔵合金を使う電池で，カドミウムのように環境的な問題を発生しないために普及してきています。ニッケル―金属水素化合物電池は，エネルギー密度が高く，過充電や過放電に強く，寿命も長い電池です。しかし，この電池の放電効率は温度の影響を受けますし，公称電圧が低く，高負荷放電には適していません。

（d）　リチウム二次電池

リチウム二次電池は，携帯電話やノートパソコンに広く利用されている電池です。リチウム二次電池は，公称電圧が高く，高エネルギー密度ですので軽量な電池です。しかも，寿命が長く，自己放電も少ないために，モバイル機器には欠かせない電池といえます。

　なお，二次電池を使用する場面では，充電されている電気を完全に放電するまで使用しないで，少し使用した時点で充電を行う場合が少なくありません。そういった浅い深度の充放電での使用を繰返していると，その容量を記憶したかのように，完全に放電できる容量が少なくなる現象が電池の種類によっては発生します。その現象を**メモリー**（記憶）**効果**と呼んでいます。メモリー効果は，ニッケル―カドミウム電池やニッケル水素電池で発生しますが，リチウム電池では発生しません。

（3）　新型電池

現在，電力の安定供給のために，負荷平準化が強く望まれています。そのた

め，夜間電力を貯蔵して昼間に利用する場合や，再生可能エネルギーで需要以上の電力を得た場合などの電力貯蔵という目的に沿った大型電池の開発が進んでいます。そういった新型電池の中からいくつかを説明します。

（a）　ナトリウム―硫黄電池

ナトリウム―硫黄電池の単電池は，円筒構造をしています。その作動温度は350℃程度ですので，単電池を昇温しなければなりません。そのため，単電池をいくつか集合させて，断熱構造の容器内に収容したモジュール電池として構成し，充放電時の熱で容器内部を保温する仕組みになっています。ナトリウム―硫黄電池は，高エネルギー密度で充放電効率が高く，サイクル寿命が長い（2,500サイクル以上）という特長をもっています。さらに，機械的な可動部分がありませんので保守性に優れています。コスト的に高い材料は使用しませんが，材料には危険物が含まれるために，安全性に配慮が必要です。

（b）　レドックスフロー電池

レドックスフロー電池は，反応物質が水溶液で，電池セル内を電解液が循環する間に充放電が行われます。電解液タンクは，電池セルスタックと分離して設置できますので，タンクの容量を増やすことで，充電容量を増やせます。レドックスフローとは，還元（Reduction）と酸化（Oxidation）を起こす物質を循環（Flow）させることから付けられた名称です。電池セルスタックは，正極・負極ともに価数の違うバナジウム（V）イオン水溶液で，イオン交換膜で正極と負極を分離しています。

充電状態の正極側バナジウムイオンは5価の状態にあり，負極側のバナジウムイオンは2価の状態にあります。放電時には，正極側のバナジウムイオンは4価に変化していき，負極側のバナジウムイオンは3価に変化していきます。その際に負極側の水素イオン（H^+）は交換膜を透過して正極側に流れます。それを図で示すと**図表2.7.1**のようになります。

(a) 充電時

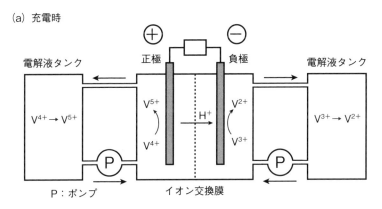

(b) 放電時

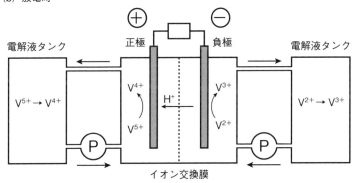

図表 2.7.1 レドックスフロー電池

　レドックスフロー電池は，原理が単純で容量も水溶液タンクの体積で変更で
きます。蓄電物質が水溶液ですのでエネルギー密度は低いのですが，タンクの
大きさを大きくすることによって，大規模な電力貯蔵が可能となります。また，
単セルでの電圧は 1.4 V と低いので，単セルを積層して電圧を高める必要があ
ります。しかし，レドックスフロー電池は，応答性が速く，常温で作動します
ので保守も簡単で，サイクル寿命が長く，自己放電も少ないという多くの特長
を持った電池です。

（c）　亜鉛―ハロゲン電池

　亜鉛―ハロゲン電池は，負極に亜鉛を用い，正極にハロゲンを用いる電池で

す。放電の時には，負極で Zn が Zn⁺ に酸化され，正極ではハロゲンがハロゲンイオンに還元されます。充電のときには，その逆の反応が起こります。具体的には，ハロゲン物質として塩素が用いられる**亜鉛―塩素電池**と，臭素を用いる**亜鉛―臭素電池**があります。

　亜鉛―ハロゲン電池は，高い充放電特性を持っていますし，エネルギー密度も高い方といえます。しかし，ハロゲン物質が強い腐食性を持っていますので，その対策が必要となります。

（4）　電力貯蔵技術

　化学的な電気貯蔵以外にも，物理的に大電力を貯蔵する方法が現在開発されています。その代表例をいくつか説明します。

（a）　フライホイール電力貯蔵

　フライホイールとは弾み車の意味で，エネルギーを回転運動として蓄えます。通常は，回転軸受の摩擦によってエネルギーロスが生じますが，高温超電導材の出現によって，ロスの少ない貯蔵技術として注目を浴びています。**フライホイール電力貯蔵**で貯蔵できるエネルギー（E）は次の式のとおりです。

$$E = \frac{1}{2} I \omega^2$$

I：慣性モーメント（重量に比例）
ω：回転角速度

　フライホイールは，発電機と同様の回転運動ですので，電力の入出力が容易に行えます。また，高エネルギー密度で，寿命が長く，メンテナンスも少ないという多くの特長を持っています。

（b）　超電導コイル電力貯蔵（SMES）

　超電導コイル電力貯蔵は，電気抵抗ゼロのリングコイルに電流を流して，電磁気エネルギーを蓄えます。インダクタンス L の超電導コイルに電流 I を流した際のエネルギー（E）は，次の式のようになります。

$$E = \frac{1}{2} L I^2$$

　超電導コイル電力貯蔵では，エネルギーを電気のまま貯蔵しますので，効率

が良く，入出力応答も早いという特長を持っています。

（c） 圧縮空気貯蔵（CAES）

圧縮空気貯蔵は，余剰電力で圧縮空気を作り，地下岩盤の空洞に圧縮空気を送り込み，圧力エネルギーとして貯蔵する方法です。電気エネルギーとして取り出す際には，ガスタービンで発電を行います。

圧縮空気貯蔵は，エネルギー密度が低いという欠点がありますし，空気を漏れることなく貯蔵できる岩盤の存在が必要ですので，立地の制約を受けます。

（d） 電気二重層キャパシタ

電解液の中に正極と負極の電極を浸し，両極に電圧をかけたときに，電極の電荷を打ち消すだけのイオンが電極表面近傍に引き寄せられて，薄い層を生じます。この層を**電気二重層**と呼びます。この電気二重層を絶縁膜として利用すると電極間距離を短くできますので，体積当たりの電極面積を大きくできます。さらに，電極に多孔質の活性炭を用いることで，より大きな電極面積をつくり，大きな静電容量をもつキャパシタとしたのが，**電気二重層キャパシタ**です。電気二重層キャパシタは，高速な充放電ができますし，サイクル寿命も長く，メンテナンスフリーという特長を持っています。

8 電気電子材料

電気電子材料には，さまざまな特性を持った材料が用いられています。それらを機能面で整理してみると次のようになります。

（1） 導電材料

通常の回路において導電材料として用いられているのは金属材料ですが，主な金属の0℃における**電気抵抗率**を**図表 2.8.1** に示します。

図表 2.8.1　金属の電気抵抗率

金属	電気抵抗率	金属	電気抵抗率
銀	1.47 $\mu\Omega\cdot cm$	コバルト	5.6 $\mu\Omega\cdot cm$
銅	1.55 $\mu\Omega\cdot cm$	ニッケル	6.2 $\mu\Omega\cdot cm$
金	2.05 $\mu\Omega\cdot cm$	鉄	8.9 $\mu\Omega\cdot cm$
アルミニウム	2.50 $\mu\Omega\cdot cm$	白金	9.8 $\mu\Omega\cdot cm$
亜鉛	5.5 $\mu\Omega\cdot cm$	鉛	19.2 $\mu\Omega\cdot cm$

　ケーブルなどには，銅やアルミニウムが用いられていますが，それは機械的な強度や耐食性，経済性の面で，それらが優れているからです。電子機器には金なども用いられていますし，ヒューズには鉛や亜鉛なども用いられます。

（2）　抵抗材料

　抵抗材料としても，主に金属材料が用いられており，鉄やアルミニウムは1,200℃までの抵抗加熱材として用いられます。さらに高い温度に対しては，モリブデンやタングステンが用いられます。金属材料以外には，金属をセラミックなどに蒸着させた金属系皮膜や炭素系材料，高分子導電材料などがあります。

（3）　半導体材料

　半導体材料は，**結晶半導体**と**非晶質半導体**に大きく分けられます。

　結晶半導体には，シリコンなどの**単元素半導体**，ガリウム砒素などの**化合物半導体**があります。

　非晶質半導体の代表としては，アモルファスシリコンがあります。

（4）　絶縁材料

　絶縁材料には，気体絶縁材料，液体絶縁材料，固体絶縁材料があります。

　気体絶縁材料には，空気や SF_6 のような**電気負性気体**などがあり，遮断器の絶縁材として利用されています。

　液体絶縁材料には，鉱油，炭化水素系絶縁油などの合成絶縁油，フルオロカーボンがあり，変圧器やケーブル，コンデンサなどに用いられています。

　固体絶縁材料としては，無機固体絶縁材料，有機固体絶縁材料があります。**無機固体絶縁材料**としては，磁器，石英，マイカ，ガラスなどがあります。また，**有機固体絶縁材料**としては，ポリエチレンなどの熱可塑性樹脂材料，エポキシ樹脂などの熱硬化性樹脂材料，ゴム，絶縁紙などの繊維質材料があります。

（5）　磁性材料

　磁性材料は，高透磁率材料，永久磁石材料，磁気記録材料があります。

　高透磁率材料としては，電磁鋼板のような金属，合金系材料，鉄の酸化物であるフェライト，非結晶のアモルファス磁性体があります。

　永久磁石材料としては，アルニコ磁石のような合金磁石材料，酸化鉄と炭酸バリウムを混合したフェライト磁石材料，希土類コバルト磁石のような希土類磁石材料があります。

　磁気記録材料としては，磁気テープや磁気ディスクのような磁気記録媒体，磁気ヘッド材料，光磁気記録媒体があります。

9　電気鉄道

　電気鉄道は，電気応用の中でも受験者が多いので，本来は重要視されるべき内容といえますが，今のところ第二次試験のみで問題が出題されています。

　電気鉄道で用いられる電気車の種類には，直流電気車，交流電気車，交直流電気車があります。最近では，都市交通システムとして，低床化を図った**LRT**（Light Rail Transit）も都市内移動手段として用いられるようになっています。また，**リニア式地下鉄**も普及すると同時に，リニア新幹線の商用運転に向けて工事が進められています。

（1）　電気方式

　電気方式としては，直流き電方式と交流き電方式があります。日本では，直流電圧として 1,500 V が用いられており，交流電圧としては在来線で 20 kV，新幹線で 25 kV が用いられています。集電システムは，地上の電車線と車上の集電装置で構成されます。通常は，カテナリ式電車線からパンタグラフで電力を受け取る方式ですが，地下鉄や新交通システムなどでは，鋼体式電車線を地上に設け，そのレールから集電靴（集電器）を介して電力を供給する**サードレール方式**も用いられています。パンタグラフが接する**トロリ線**は，機械的な強度が求められますので，硬銅が広く用いられていますが，特に耐熱性が必要な場合には，銅に銀を加えた銀入り銅トロリ線が用いられています。

（a）　直流き電方式

　直流き電方式は，最初の電気鉄道で用いられた方式で，交流き電方式に比べて電圧が低いことから，広く用いられてきました。直流き電方式では，使用する電圧が低い（1,500 V）ので，絶縁隔離を短くできます。そのため，トンネルの断面積を小さくできますし，跨線橋の高さを低くできるなど，鉄道土木の面からは多くのメリットがあります。したがって，トンネルが中心の地下鉄では有効な方式といえます。また，電気車の価格も安くなります。しかし，使用電圧が低いために電流値が高くなることから電圧降下が大きいので，変電所の間隔を短くする必要があります。そのため，変電所などの地上設備の費用が高くなるというデメリットもあります。また，直流き電方式ではレールを帰路として用いますので，レールや地下埋設物の電食を考慮する必要があります。

（b）　交流き電方式

　交流き電方式は，電力会社の送電網から引き込んだ電力を，変圧器を介して電車線路に導入できますので，変電所設備の費用を安くできます。また，送電電圧も 20 kV や 25 kV と高いことから，変電所間隔も長くできますので，変電所数の削減もできます。そのため，都市間を結ぶ幹線鉄道や新幹線などには適したき電方式といえます。しかし，電気車の価格が高くなるという欠点もあります。また，高電圧を使用するために絶縁隔離距離が長くなり，トンネルの断

面積が大きくなります。

　交流き電方式には，**直接き電方式**と，**BT（吸上変圧器）き電方式**，**AT（単巻変圧器）き電方式**，**同軸ケーブルき電方式**があります。交流き電方式では，レールからの漏れ電流によって通信誘導が生じますので，それを軽減するために，レールに電流が流れる区間を短くする方法が取られます。そのため，BTき電方式とATき電方式が用いられますが，高速電気車に大電力を供給できるATき電方式が標準になっています。

（2）　直流電気車
　直流電気車の主電動機の制御方法には，次のようなものがあります。
（a）　抵抗制御
　抵抗制御は，主電動機に直列に抵抗を挿入して電圧を制御する方法で，古くから直流直巻電動機の制御に用いられてきました。この方法は，抵抗を減らした瞬間にトルクが変動するため，乗り心地に影響するという問題があります。
（b）　界磁制御
　直流直巻電動機は，トルクが速度の2乗に反比例して減少するため，最大電圧に達した後に界磁を弱めて出力を維持する方法がとられます。それが**界磁制御**です。この方法では，界磁抵抗を減らすことによって逆起電力を減らし，トルクの減少を抑えます。
（c）　電機子チョッパ制御
　電機子チョッパ制御は，主電動機と直列にチョッパを入れ，通流率を変化させることによって電圧の制御を行います。力行時は降圧チョッパとして動作し，制動時には昇圧チョッパとして動作します。
（d）　界磁チョッパ制御
　界磁チョッパ制御は，主電動機に複巻電動機を使用し，分巻界磁に直列にチョッパを入れる方式です。分巻界磁にチョッパを入れますので，電機子チョッパ制御に比べて容量が小さくてすみ，低コストになります。

（ｅ）　界磁添加励磁制御

界磁添加励磁制御は，電気車に補助電源装置が搭載されるようになってから用いられるようになった方法です。発電機の出力を主電動機の界磁に接続し，電機子電流と独立して低圧大電流で制御をします。

（ｆ）　インバータ制御

パワーエレクトロニクスの進展とともに，インバータを用いて誘導電動機を制御する，**インバータ制御**が広く用いられるようになってきています。この方式では，電流と電圧を制御する **VVVF 制御**が行われます。これによって主電動機が小型化し，低価格化しました。また，ブラシや整流子がないため保守費用が低下すると同時に，故障も少なくなり信頼性も向上しました。

（３）　交流電気車

交流電気車には，主に整流器式と PWM コンバータ式の制御が用いられています。

（ａ）　整流器式制御

整流器式制御には，直流電動機を用いる方法と誘導電動機を用いる方法があります。1 つは，車上に搭載された主変圧器で降圧した交流を整流器で直流に変換して，直流電動機を駆動する方式です。もう 1 つは，主変圧器で降圧した交流を，電源側変換器にサイリスタ整流器を用いて位相制御を行い，負荷側変換器に VVVF 制御を用いて，誘導電動機を駆動する方式です。整流器式制御の代表的な速度制御方式として，タップ制御と位相制御があります。**タップ制御**は，主変圧器にタップを設けて，これを切り換えることによって電圧を制御します。**位相制御**は，サイリスタの位相制御によって連続的に電圧を制御する方法です。

（ｂ）　PWM コンバータ式制御

PWM コンバータ式制御は，交流電圧を PWM 変調方式のコンバータで直流定電圧に変換し，三相 VVVF インバータで誘導電動機を駆動する方式です。この方式では，力行，回生，前進，後退の 4 つのモードを制御できます。また，こ

の方法では高調波を低減できますし，力率もほぼ1にまで高められます。

（4）　運転システム

　鉄道においては，安全性が重視されるために，一定の区間に1列車のみを占有させることで衝突を防ぐための信号保安システムを採用しています。それを**閉そく方式**といいます。また，最近では，省エネルギーの考え方も重要となっており，減速時に**回生ブレーキ**で発電した電力を他の電車の力行や駅舎などで使う方法も採用されるようになってきています。

（5）　電食

　電食は迷走電流腐食ともいわれ，直流電気鉄道などから生じる迷走電流によってパイプラインなどの地中埋設金属を腐食させる現象です。具体的には，**図表 2.9.1** に示すように，鉄道の車輪から変電所までの帰線レールを流れる直流電流によって電圧降下が発生しますが，レールの接地抵抗があるとレールからの**漏れ電流**が発生します。その際に，近くに埋設金属があると，漏れ電流が金属体に流入し，それが変電所の近くの地点から流出します。その流出部に金属の腐食が発生します。

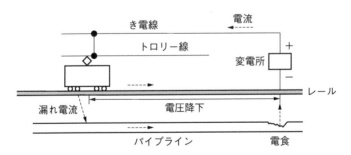

図表 2.9.1　直流電気鉄道による電食の概念

　電食の防止策としては，流電陽極法や外部電源法などの**電気防食法**や，埋設パイプラインとレールを接続する排流法などがあります。

第 **3** 章

電子応用

　電子応用として技術士第二次試験の選択科目の内容として示されているものは，次のとおりです。

―電子応用―

> 高周波，超音波，光，電子ビームの応用機器，電子回路素子，電子デバイス及びその応用機器，コンピュータその他の電子応用に係るシステムに関する事項
> 計測・制御全般，遠隔制御，無線航法等のシステム及び電磁環境に関する事項
> 半導体材料その他の電子応用及び通信線材料に関する事項

　実際の第一次試験および第二次試験では，電子デバイス，電子回路，制御技術，計測，記憶装置などの内容が出題されています。それらの中から，特に重要な部分を重点的にまとめてみます。

1　電子デバイス

　電子デバイスには，いろいろなものがありますが，その中から，主なものを次に示します。

（1）　半導体

　半導体は，電気伝導の点で金属と絶縁体の中間の性質を示す物質です。代表的な半導体単体元素には，Ge，Si，Sn，Se，Te などがありますし，金属間化合物としては，NiSb や GaAs などがあります。半導体で，伝導電子密度と正孔密度が等しいものを**真性半導体**と呼びます。真性半導体は，温度が高くなると抵抗が小さくなります。

　4 価の真性半導体に，ひ素，アンチモン，リンなどの 5 価の原子を微量混入させると **n 型半導体**となります。n 型半導体では，自由電子密度が正孔密度よりも高くなりますので，多数キャリアは自由電子で，少数キャリアが正孔になります。こういった自由電子を供給する不純物原子を**ドナー**と呼びます。

　また，4 価の真性半導体に，アルミニウム，ガリウム，ホウ素，インジウムなどの 3 価の原子を微量混入させると **p 型半導体**となります。p 型半導体では，正孔密度が自由電子密度よりも高くなりますので，多数キャリアは正孔で，少数キャリアが自由電子になります。こういった正孔を発生させる不純物原子を**アクセプタ**と呼びます。

　p 形半導体と n 形半導体とを接合すると，n 形半導体中の自由電子は p 形半導体内へ拡散し，p 形半導体中の正孔は n 形半導体内へ拡散します。この結果，n 形半導体の接合面近傍は正に帯電し，p 形半導体の接合面近傍は負に帯電します。これによって，接合面には n 形半導体から p 形半導体に向かう電界が生じ，これ以上の拡散が抑制されます。この電界によって，接合面には**電位障壁**が生じます。

　なお，半導体は一般的に温度が低い場合に抵抗率が高く，温度が上昇すると急激に抵抗率が小さくなります。また，温度変化率は金属に比べて大きくなります。

（2）　ダイオード

　ダイオードは，非対称な電圧・電流特性を持つ 2 端子素子をいいます。ダイオードに順方向電圧を加えていくと電流は流れますが，逆方向電圧を加えても

電流は流れません。ただし，逆方向電圧を大きくしていくと，ある所で急激に電流が流れます。その現象を**アバランシェ（なだれ）現象**といいます。そのときの電圧を**降伏電圧**といいます。

（a） pn 接合ダイオード

pn 接合ダイオードは，p 型半導体と n 型半導体を接合面で接合させて作るダイオードです。接合面付近では，両方の多数キャリアである正孔と自由電子が，拡散によって接合面を越えて再結合します。再結合によって多数キャリアが存在しなくなった領域を**空乏層**といいます（**図表 3.1.1** 参照）。空乏層は電流が流れにくい性質を持っています。ダイオードに順電圧を加えると空乏層は減少し，0.7 V 程度で消滅します。逆に，ダイオードに逆電圧を印加したときの接合容量は，ダイオードの端子に印加する逆電圧の量によって変化します。接合容量は半導体の誘電率に比例し，空乏層の幅に反比例します。

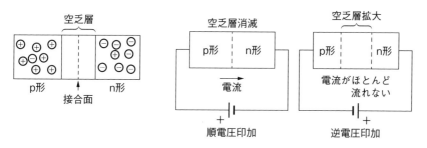

図表 3.1.1　pn 接合と電圧の印加変化

pn 接合ダイオードで代表的なものは次のようなものです。

① ツェナーダイオード

ツェナーダイオードは可変容量ダイオードとも呼ばれ，降伏時の逆電流の立ち上がりが良いダイオードで，電流が増加しても電圧は降伏電圧で一定です。そのため，**定電圧ダイオード**とも呼ばれ，定電圧回路に用いられます。

② バラクタダイオード

バラクタダイオードは，pn接合に逆方向電圧を加え，逆方向電流が極めて小さいときに，印加電圧によって静電容量が変わるダイオードです。バラクタダ

イオードは，電子同調や FM 変調，マイクロ波回路に用いられます。

③　ピンダイオード

ピンダイオードは，p 型領域と n 型領域の間に，真性半導体に近づけた I 層を設けたダイオードで，マイクロ波帯における小数キャリアの応答が遅いのを利用したダイオードです。

④　発光ダイオード（LED）

発光ダイオード（LED）は，pn 接合に順方向電流を流して，接合領域に少数キャリアを注入し，少数キャリアと多数キャリアが再結合する際に発生する光を取り出すダイオードです。光の色は，結晶の種類と添加物によって決まります。赤色，黄色，緑色の LED が早くから実用化されていました。それに加えて，青色や紫外域の発光ダイオードが開発されました。そのため，白色 LED を用いた照明が広く利用されるようになりました。LED 照明を実現する方法には 2 つあり，1 つは青色または紫外 LED で蛍光体を励起して，白色発光を得るワンチップ形です。もう 1 つは，青色，緑色，赤色の LED を組み合わせて白色を得るマルチチップ形です。マルチチップ形は，各 LED の駆動電圧，発光出力，配光特性，寿命などの違いを調整しなければなりませんが，1 つの光源で多彩な色を発光できますので，サーカディアンリズム（概日リズム）で体内時計を整えるようなニーズにも使われています。現在，LED の発光効率は 100 lm/W 以上で，寿命は数万時間にもなっています。

（b）　その他のダイオード

上記以外のダイオードについて，その用途を含めて説明します。

①　フォトダイオード

フォトダイオードは，端子間に逆電圧が加えられた状態で接合部に光が入射すると，光の強弱に比例した逆電流が流れるのを利用した受光素子です。高速な応答が得られますが，感度は高くありません。

②　レーザダイオード

レーザダイオードは，半導体基板上に光の増幅機能を持つ活性層や，光を活性層に閉じ込めるクラッド層などの半導体材料を重ねて作られており，p 電極

と n 電極間に電圧を加えて，電流を注入します。注入電流が発振しきい値電流を超えると，レーザ光出力が得られます。電流の ON/OFF でレーザ光を制御できますので，光ディスクメモリ，CD，光通信，レーザプリンタなどに広く用いられています。

③　ガンダイオード

ガンダイオードは，pn 接合部がなく，n 型半導体の両端に電極を設けた構造になっています。その電極間に臨界値を越えた電圧を加えたときに高電界の領域が発生し，それが移動しながら消滅していく現象が周期的に現れます。これを用いてマイクロ波発振回路が作られます。

④　ショットキーダイオード

ショットキーダイオードは，半導体と金属を接触させて，整流特性を持たせたダイオードです。pn 接合ダイオードよりも電位障壁が低く，順方向電圧効果が少ないのが特徴です。少数キャリアの蓄積がないので，スイッチングが速いという特長があり，高速スイッチや高周波帯域の周波数変換，検波などに用いられます。

なお，ダイオードを使った回路の計算問題が第一次試験では出題されていますので，例題を示します。

例題

下図 a のような電圧—電流特性を有するダイオードを使って，下図 b なる回路を構成する。下図 b のダイオードに流れる電流の値はいくつか。

図a　ダイオードの電圧—電流特性　　　　図b　ダイオードを用いた回路

解答：

　図 a の電圧―電流特性を見るとわかるとおり，ダイオードに 0.7 V 未満の電圧がかかっても電流は流れません。また，0.7 V の電圧がかかると電流が流れ，電圧は 0.7 V で一定となります。よって，図 b ではダイオード間に最大で 0.7 V の電圧がかかるのがわかります。その場合には，1.4 Ω の抵抗間にも 0.7 V の電圧がかかりますので，この抵抗に流れる電流は，0.7/1.4 = 0.5[mA] になっているはずです。このとき，1 kΩ の抵抗には 3 - 0.7 = 2.3 V の電圧がかかることになりますので，この抵抗に流れる電流は 2.3[V]/1[kΩ] = 2.3[mA] であるのがわかります。このことから，ダイオードに流れている電流は，2.3 - 0.5 = 1.8[mA] になります。

（3）　トランジスタ

　トランジスタは，増幅機能を持った三端子半導体デバイスで，電子と正孔の両方が動作に関与する**バイポーラトランジスタ**と，どちらか一方が関与する**モノポーラトランジスタ**に大別されます。バイポーラトランジスタは，エミッタ，ベース，コレクタの三端子を持っています。バイポーラトランジスタには，npn 形トランジスタと pnp 形トランジスタがありますが，増幅回路には一般的に npn 形トランジスタが用いられます。基本動作として，エミッタ・ベース間のエミッタ接続に順方向電圧を印加して少数キャリアをベースに注入し，逆方向電圧を印加したコレクタ接合で集めて，電流として出力します。エミッタ効率を高めるために，エミッタ不純物濃度はベース領域よりも高くします。

（a）　接地方式

　トランジスタには，エミッタ，ベース，コレクタの 3 つの端子がありますが，入出力端子は 4 つになりますので，3 端子のどれかを共通端子として用います（**図表 3.1.2** 参照）。その場合には，共通端子を接地して使いますので，**トランジスタの接地方式**には，エミッタ接地，ベース接地，コレクタ接地の 3 方式があります。

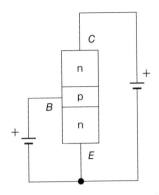

図表 3.1.2　トランジスタへの電圧の加え方

① ベース接地回路

ベース接地回路は，電圧増幅度が大きく，入力インピーダンスが低く，出力インピーダンスが高いため，電圧増幅器や電流電圧変換器に用いられています。

② エミッタ接地回路

エミッタ接地回路は，エミッタを共通端子として，ベースに入力信号を加えて，コレクタから出力を取り出す回路です。エミッタ接地回路は，電流増幅度が大きく，入力インピーダンスと出力インピーダンスの両方が高く，電圧増幅度が大きいなどの特長を持っているため，リニア増幅回路などで広く用いられています。

③ コレクタ接地回路

コレクタ接地回路は，入力インピーダンスが高く，出力インピーダンスが低く，電圧増幅率が1に近いため，結合される2つの回路間の相互影響を取り除く，バッファ回路として使用されます。出力電圧信号が，ベースの電圧信号に追従しますので，**エミッタホロア**とも呼ばれます。

以上，3方式の特徴をまとめると，**図表 3.1.3** のようになります。

図表 3.1.3　接地方式と特徴

	ベース接地	エミッタ接地	コレクタ接地
電圧増幅	大きい	大きい	なし（≒1）
電流増幅	なし（≒1）	大きい	大きい
入力インピーダンス	低い	中間	高い
出力インピーダンス	高い	中間	低い
入出力波形の位相	同相	逆相	同相

（b）　ベース接地電流増幅率とエミッタ接地電流増幅率の関係

　ベース接地したときのトランジスタの電流増幅率はコレクタ電流／エミッタ電流で，α で表します。また，エミッタ接地したときのトランジスタの電流増幅率はコレクタ電流／ベース電流で，β で表します。**ベース接地電流増幅率 α とエミッタ接地電流増幅率 β の関係を表す式は次のようになります。**

$$\alpha = \frac{\beta}{1+\beta} \qquad または \quad \beta = \frac{\alpha}{1-\alpha}$$

（c）　電界効果トランジスタ（FET）

　電界効果トランジスタ（FET）は，キャリアを放出するソースとキャリアを吸い込むドレイン，その2つの間に設けられたゲートからできており，自由電子や正孔の単一キャリアが電気伝導に寄与して，電界によって電流を制御します。基本動作は，ゲートに加える電圧によって，ソース-ドレイン間に流れる電流を制御するものです。電界効果トランジスタ（FET）には，接合型 FET と MOS 形 FET があります。**MOS 形 FET** は，金属（Metal），酸化膜（Oxide），半導体（Semiconductor）の3層構造をした電界効果トランジスタです。MOS 形 FET にはnチャネルとpチャネルがあります。nチャネルでは，**図表 3.1.4** に示すとおり，ソースとドレインがn形半導体で作られ，ゲートが金属で作られています。また，nチャネルでは，ソースとドレインがn形半導体で作られています。

　なお，MOS 形 FET のゲート電極とシリコン基板の間にシリコン酸化膜を誘電体として挟んだ構造によって作られる**MOS容量**の容量値は，ゲート面積（L

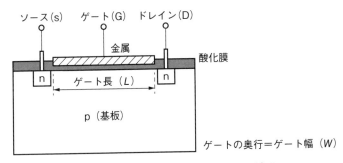

図表 3.1.4　n チャネル MOS FET の断面

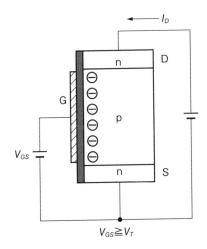

図表 3.1.5　MOS の動作（エンハンスメントモード）

×W）に比例します。また，MOS 形 FET のスイッチング遅延時間は，ゲート長（L）に比例し，ゲート幅（W）に反比例します。

　ゲート・ソース間電圧 V_{GS} が nMOS のしきい値電圧（V_T）よりも小さい場合には，ドレイン・ソース間には電流が流れませんが，$V_{GS} \geqq V_T$ の場合には，**図表 3.1.5** に示すとおり，p 形領域内の少数キャリアである自由電子がゲートの正電圧によって集まってくるため反転して，ソースとドレイン間に電流が流れるようになります。

　MOS 形 FET のモードには，**デプレッションモードとエンハンスメントモー**

ド，デプレッションモード＋エンハンスメントモードの3つがありますが，接合形FETには，デプレッションモードしかありません。また，MOS形FETは，入力インピーダンスが接合型FETよりも高いですが，静電気によって破壊されやすいという欠点があります。

2　電子回路

　電子回路は，トランジスタやFETなどの**能動素子**と，抵抗器やコンデンサなどの**受動素子**を組み合わせて，決められた動作をするように構成された回路です。

　電子回路として多く用いられているものには，次のようなものがあります。

（1）　電力増幅回路

　電力増幅回路は，アンテナやスピーカなどの低インピーダンス負荷を駆動するために用いられます。そのため，大電流増幅回路では，電源の利用効率を高く，ひずみを少なくしなければなりませんし，損失電力を少なく，出力段の内部インピーダンスを低くする必要があります。

　トランジスタを増幅器として使用するためには，バイアスをかけて，あらかじめ直流を流し，動作点をずらしておく必要があります。このようなバイアス電圧や電流を与える回路を**バイアス回路**といいます。

　電力増幅回路では，動作点の違いによって，A級増幅回路，B級増幅回路，C級増幅回路があります。

（a）　A級増幅回路

　A級増幅回路は，入力波形と同じ出力波形を得るように動作点を設定したものです。ひずみのない出力波形が得られますが，入力信号がないときでもトランジスタに常時電流が流れており，発熱も多いため，電力効率が25％と低くなります。

（b） B 級増幅回路

B 級増幅回路は，A 級増幅回路の欠点を改良して，入力波形の正または負の半サイクルだけしかトランジスタが動作しないように設定したものです。半サイクルしか増幅できませんが，その半サイクルの増幅率を最大にして使うことによって効率を高めますので，増幅率は 78.5% になります。通常は，正と負の半サイクルをそれぞれ別回路で最大に増幅させて，それらを出力側で合成して用います。そのような回路を **B 級プッシュプル回路** といいます。B 級プッシュプル回路では，両回路の合成部の出力信号にひずみが生じます。これを **クロスオーバひずみ** といいます。

（c） C 級増幅回路

C 級増幅回路は，B 級増幅回路よりもさらに下側に動作点を設定して，電力効率を高めたものです。入力波形の頂点付近だけを増幅しますので，線形な増幅ができません。一般に，高周波の電力増幅回路として使用されます。

増幅回路において，出力信号の全部または一部を入力側に帰還する回路を帰還回路といいます。帰還回路で，入力信号と帰還した信号が同位相となる場合を **正帰還回路** といいます。

正帰還回路の利得 G は次のように表せます。なお，A は増幅器の利得，H は減衰器の減衰率になります。

$$G = \frac{A}{1-AH}$$

正弦波を発振する回路を **正弦波発振回路** といいます。正弦波発振回路は正帰還回路の一種です。正帰還回路で $AH \geqq 1$ の場合には回路は不安定になり，発振現象が起こります。また，発振回路には，抵抗，キャパシタ，演算増幅器を使った能動素子からなる **RC 発振回路** があり，数十 kHz 程度の周波数で用いられています。また，数 MHz を超える高い周波数では，**LC 発振回路** が用いられています。

帰還回路で，入力信号と帰還した信号が逆相となる場合を **負帰還回路** といいます。負帰還回路の利得 G は次のように表せます。

$$G = \frac{A}{1+AH}$$

　負帰還増幅回路では，利得精度の高い増幅器を実現できますし，周波数特性の改善が行えます。また，増幅器のひずみの発生を少なくし，電子回路を安定に働かせる作用がありますので，広く用いられています。

（2）　高周波増幅回路

　高周波増幅回路は，一般に，10 kHz より高い周波数で，目的とする周波数だけを増幅する回路のことをいいます。高周波増幅回路に使用される**共振回路**は，希望の入力信号の周波数と同じ周波数に共振させることから，**同調回路**ともいいます。共振回路は，主にインダクタンスLとキャパシタンスCからなり，抵抗Rがきわめて小さな回路で，直列共振回路と並列共振回路があります。

（a）　直列共振回路

　インダクタンスL，キャパシタンスC，抵抗Rが直列につながれた回路では，$\omega = \frac{1}{\sqrt{LC}}$ のとき，インピーダンスが最小になり，回路の電流値は最大になります。このように，インダクタンスとキャパシタンスの直列回路で，インピーダンスの大きさが最小になることを，**直列共振**といいます。

　このときのQは次のようになります。

$$Q = \frac{1}{R} \cdot \sqrt{\frac{L}{C}}$$

　なお，直列共振ではコンデンサの端子電圧が電源電圧よりも高くなることがありますので，注意しなければなりません。

（b）　並列共振回路

　インダクタンスL，キャパシタンスC，コンダクタンスGが並列につながれた回路では，$\omega = \frac{1}{\sqrt{LC}}$ のとき，アドミタンスが最小になり，インピーダンスは最大になります。こういった回路を**並列共振**回路または**反共振**といいます。

116

このときの共振回路の Q は次のようになります。

$$Q = \frac{1}{G} \cdot \sqrt{\frac{C}{L}}$$

（c）　スーパーヘテロダイン受信機

スーパーヘテロダイン受信機は，**図表 3.2.1** に示すとおり，受信電波の周波数と少し異なる周波数を持つ局部発振周波数を混合して，中間周波数増幅器で信号を増幅させる方式の受信機です。

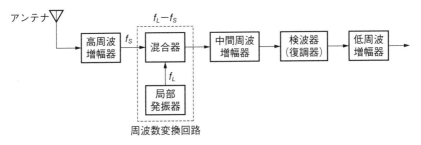

図表 3.2.1　スーパーヘテロダイン受信機の構成図

スーパーヘテロダイン受信機は，低い周波数の中間周波数に変換して増幅を行うため，周波数の安定性と選択制に優れています。しかし，中間周波段があるためコストが高く，装置が大きくなります。

（d）　ダイレクトコンバージョン受信機

ダイレクトコンバージョン受信機は，**図表 3.2.2** に示すとおり，局部発振器の周波数を，受信周波数とほぼ同一にして，中間周波数を用いずに，直接可聴周波数を得る方式の受信機です。

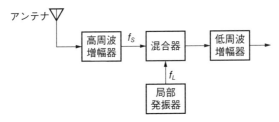

図表 3.2.2　ダイレクトコンバージョン受信機の構成図

　ダイレクトコンバージョン受信機は，スーパーヘテロダイン受信機と比較して中間周波段がないため構成が簡単になり，小型で部品点数が少なくなります。無線機の小型化のためには適した方式といえます。しかし，中間周波段がないため，回路全体を高い周波数で動作させなければなりません。

（3）　発振回路

　発振回路とは，正弦波交流などの電気的な繰り返し振動を発生する電子回路で，周波数選択回路を構成する素子によって次のような回路があります。

（a）　LC 発振回路

　コイルとコンデンサを使う **LC 発振回路**には，コイルとコンデンサの使い方によって，反結合形，ハートレー形，コルピッツ形などがあります。

（b）　CR 発振回路

　コンデンサと抵抗を使う **CR 発振回路**には，ブリッジ形と移相形があります。

（c）　水晶発振回路

　水晶発振回路は，LC 発振回路のコイルの代わりに水晶振動子を利用する発振回路です。水晶振動子は，発振周波数が温度や電源電圧などの影響を受けにくいので，周波数変動が小さい発振回路となります。

（d）　電圧制御発振器

　電圧制御発振器（**VCO**：Voltage Controlled Oscillator）は，電圧により発振周波数を制御する発振回路です。VCO の応用として，**PLL**（位相同期ループ）**発振回路**があり，周波数シンセサイザなどに利用されています。

（4）　演算増幅器（オペアンプ）

　演算増幅器は，もともとはアナログ計算機の加減算や微積分など，演算回路を構成するために用いられる高利得で広帯域の増幅器であり，**オペアンプ**とも呼ばれます。外部回路と組み合わせることによってさまざまな機能を実現できますので，演算増幅器は広く用いられています。

　演算増幅回路は次のような特長を持ちます。

① 入力インピーダンスが高い（MΩ レベル）

② 出力インピーダンスが 0 に近い（数十 Ω 程度）

③ 増幅度が大きい

④ 周波数特性がよい

演算増幅器が利用されている回路としては，電圧比較器，反転増幅回路，非反転増幅回路，ボルテージフォロア回路，反転加算回路，減算回路，微分・積分回路，発振回路，フィルタ回路，タイマー回路，定電圧回路などがあります。

なお，理想演算増幅器は次のような特性を持つとされています。

ⓐ 入力インピーダンスは無限大

ⓑ 出力インピーダンスはゼロ

ⓒ 作動利得は無限大

ⓓ 遮断周波数は無限大

ⓔ 同相利得はゼロ

理想的な演算増幅回路を用いた計算問題がこれまで多く出題されていますので，その例題を示します。

例題

特性の理想的な演算増幅器（オペアンプ）を用いた下図の非反転形増幅回路の利得（ゲイン $= v_o/v_i$）を求めよ。

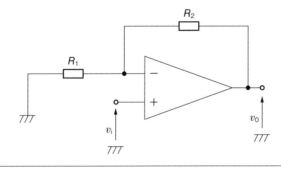

解答:

　電圧の関係を図に示すと，下図のようになります。

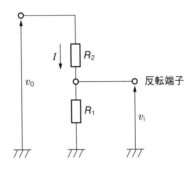

　2つの抵抗には電流Iが流れているので，Iは次の式で求められます。

$$I = \frac{v_\text{o}}{R_1 + R_2}$$

$$v_\text{i} = I\,R_1 = \frac{R_1 v_\text{o}}{R_1 + R_2}$$

よって，$\dfrac{v_\text{o}}{v_\text{i}} = \dfrac{R_1 + R_2}{R_1}$

（5）　電源回路

　電源回路は，**レギュレータ**とも呼ばれ，交流エネルギーを直流エネルギーに変換し，供給する回路です。電源回路は，電圧を変換する変圧器と，正弦波交流を正側だけの電圧にする整流回路，および出力値を一定にする平滑回路からなります。

　整流回路には，入力された交流回路の半波だけを整流する**半波整流回路**や，それに負の半サイクルを反転させて加える**全波整流回路**があります。全波整流回路には，整流ブリッジを用いた方法と中点タップ付きトランスを使った方法があります。前者の方が経済的で，小型軽量化も図れますので，一般に用いられています。整流回路と得られる電圧波形を**図表 3.2.3** に示します。

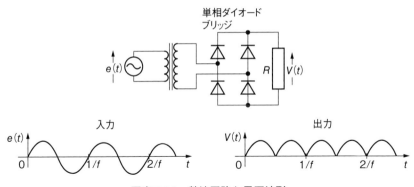

単相ダイオード
ブリッジ

図表 3.2.3　整流回路と電圧波形

　平滑回路には，コンデンサを用いた**コンデンサ入力形平滑回路**があり，供給するエネルギーが小さい場合に用いられます。また，機器を小型化したい場合には，コンデンサ入力形平滑回路が通常使われます。コンデンサを使った平滑回路の例を**図表 3.2.4** に示します。なお，CR が大きければ放電スピードがゆっくりとなりますので，ここでは，CR が $1/f$ に比べて十分に大きい場合の電圧波形を合わせて示します。

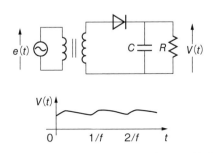

図表 3.2.4　コンデンサ平滑回路と電圧波形

　平滑の度合いを示す指標として**リプル率**がありますが，コンデンサ入力形平滑回路では，コンデンサ容量が大きくなるほどリプル率は改善されます。しかし，それでも十分ではありませんので，チョークコイルを加えて，インダクタンスとコンデンサからなる平滑回路が用いられます。この**チョーク形平滑回路**

は，出力が短絡した場合でも，インダクタが構成要素に含まれていますので，整流回路のダイオードに過大電流が流れないという特長を持っています。そのチョーク形平滑回路の素子数を増やして能力を高めた，**LCフィルタ形平滑回路**もあります。

　電源回路では，スイッチング動作が行われますが，それによってノイズが発生します。その際に，入出力の電力線間を往復するノイズ電流が流れる場合を**ノーマルモードノイズ**といい，電源ラインの行きと戻りの向きが逆になることから**ディファレンシャルモードノイズ**とも呼ばれています。また，回路の構成部品は接地された筐体などを介して，大地との間に浮遊静電容量を持つのが一般的です。このとき，スイッチングに伴って構成部品の大地間電位が変動するとともに，入出力線と大地との間に高周波電流が流れます。この電流は，電源のプラス側とマイナス側で流れる向きが同じことから**コモンモードノイズ**といいます。

（6）　論理回路

　論理回路は，通常は2値論理回路を指し，デジタル回路の基本回路になります。論理回路を理解するには，論理変数の取り得るすべての入力値を列記して，それらすべての組み合わせについて真理値を記入した真理値表を理解するのが早道ですので，論理回路の記号と真理値表，論理式を示します。

（a）　OR回路

　OR回路は，入力端子のどれか1つが1であれば1となる論理回路で，**論理和**と呼ばれます。OR回路の記号と真理値表は，**図表3.2.5**に示すとおりです。

図表 3.2.5　OR 回路の記号と真理値表

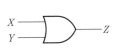

入力		出力
X	Y	Z
0	0	0
0	1	1
1	0	1
1	1	1

論理式：$X + Y = Z$

（b）　AND 回路

AND 回路は，入力端子のすべてに 1 つが入ったときに 1 となる論理回路で，**論理積**と呼ばれます。AND 回路の記号と真理値表は，**図表 3.2.6** に示すとおりです。

図表 3.2.6　AND 回路の記号と真理値表

入力		出力
X	Y	Z
0	0	0
0	1	0
1	0	0
1	1	1

論理式：$X \cdot Y = Z$

（c）　NOT 回路

NOT 回路は，入力信号の否定をする論理回路です。NOT 回路の記号と真理値表は，**図表 3.2.7** に示すとおりです。

図表 3.2.7　NOT 回路の記号と真理値表

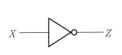

入力	出力
X	Z
0	1
1	0

論理式：$\overline{X} = Z$

（d）　EX-OR 回路

EX-OR 回路は，OR 回路から 2 つ以上同じ時を除く論理回路で，**排他的論理和**と呼ばれます。EX-OR 回路の記号と真理値表は，**図表 3.2.8** に示すとおりです。

図表 3.2.8　EX-OR 回路の記号と真理値表

入力		出力
X	Y	Z
0	0	0
0	1	1
1	0	1
1	1	0

論理式：$(\overline{X} \cdot Y) + (X \cdot \overline{Y}) = Z$

（e）　NOR 回路

NOR 回路は，OR 回路に NOT 回路を重ねた回路です。NOR 回路の記号と真理値表は，**図表 3.2.9** に示すとおりです。

図表 3.2.9　NOR 回路の記号と真理値表

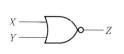

入力		出力
X	Y	Z
0	0	1
0	1	0
1	0	0
1	1	0

論理式：$\overline{(X + Y)} = Z$

（f）　NAND 回路

NAND 回路は，AND 回路に NOT 回路を重ねた回路です。NAND 回路の記号と真理値表は，**図表 3.2.10** に示すとおりです。

図表 3.2.10　NAND 回路の記号と真理値表

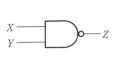

入力		出力
X	Y	Z
0	0	1
0	1	1
1	0	1
1	1	0

論理式：$\overline{(X \cdot Y)} = Z$

（g）　CMOS 論理回路

第一次試験では CMOS 論理回路も出題されていますので，**図表 3.2.11** にそれを示します。

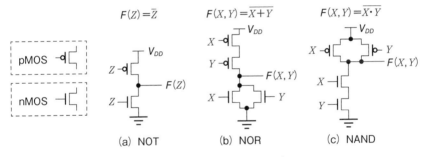

図表 3.2.11　CMOS 論理回路

　なお，CMOS 論理回路の消費電力は，負荷容量充放電と貫通電流，リーク電流の和です。それぞれの消費電力は次のとおりです。

　①　負荷容量充放電

　負荷容量充放電の消費電力は，クロック周波数と負荷容量，電圧の 2 乗に比例するので，クロック周波数，負荷容量，電圧を小さくすれば小さくなります。

　②　貫通電流

　貫通電流の消費電力は，クロック周波数と貫通電流，電圧に比例するので，クロック周波数，貫通電流，電圧を小さくすれば小さくなります。

③　リーク電流

リーク電流の消費電力は，リーク電流と電圧に比例するので，リーク電流と電圧を小さくすれば小さくなります。

（h）　組み合わせ論理

制御や電子回路においては，論理演算をよく用いますが，論理演算を組み合わせた場合に次のような定理が成り立ちます。

$$A+A=A, \ A \cdot A=A$$

$$A \cdot B=B \cdot A, \ A+B=B+A$$

$$A \cdot (B \cdot C)=(A \cdot B) \cdot C$$

$$A+(B+C)=(A+B)+C$$

$$A \cdot (A+B)=A, \ A+(A \cdot B)=A$$

$$A \cdot (B+C)=A \cdot B+A \cdot C$$

$$A+1=1, \ A \cdot 1=A, \ A+0=A, \ A \cdot 0=0$$

$$A \cdot \overline{A}=0, \ A+\overline{A}=1$$

$$\overline{(A+B)}=\overline{A} \cdot \overline{B}$$

$$\overline{(A \cdot B)}=\overline{A}+\overline{B}$$

なお，論理式を簡単化する問題が第一次試験では多く出題されていますので，例題を解いてみましょう。

例題

NAND のみを用いた下図の論理回路の出力 f の論理式を簡単化せよ。

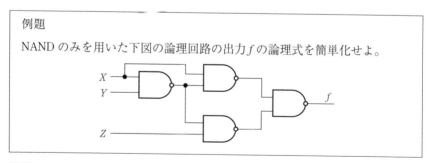

解答：

問題に示された図の内容を論理式に示し，それを簡単化していくと次のよう

になる。

$$f = \overline{\left[\left\{X \cdot \overline{(X \cdot Y)}\right\} \cdot \left\{\overline{(\overline{X} \cdot Y)} \cdot Z\right\}\right]}$$

$$= \overline{\left\{X \cdot \overline{(X \cdot Y)}\right\}} + \overline{\left\{\overline{(\overline{X} \cdot Y)} \cdot Z\right\}}$$

$$= \left\{X \cdot (\overline{X \cdot Y})\right\} + \left\{(\overline{X} \cdot Y) \cdot Z\right\}$$

$$= X \cdot (\overline{X} + \overline{Y}) + (\overline{X} + \overline{Y}) \cdot Z$$

$$= X \cdot \overline{X} + X \cdot \overline{Y} + \overline{X} \cdot Z + \overline{Y} \cdot Z$$

$$= 0 + X \cdot \overline{Y} + Z \cdot \overline{X} + \overline{Y} \cdot Z$$

$$= X \cdot \overline{Y} + \overline{Y} \cdot Z + Z \cdot \overline{X}$$

（7） FPGA

FPGA（Field Programmable Gate Array）は，ユーザーが独自に，デバイス内の論理ブロックを複数組み合わせて，必要な論理回路を実現できる論理デバイスです。FPGA は設計の自由度が高い反面，内部の配線状況に応じて遅延時間が変化するという特徴があります。FPGA は，基本的に，論理要素（論理ブロック等），入出力要素（I/O ブロック等），配線要素（配線チャネル，スイッチブロック，コネクションブロック）からなっています。FPGA では，プログラム可能なスイッチで回路情報を制御していますが，プログラミングテクノロジーとしては，**図表 3.2.12** に示すものが用いられているので，それぞれの特徴を示します。

図表 3.2.12　プログラミングテクノロジーの特徴比較

	フラッシュメモリ	アンチヒューズ	スタティックメモリ
長所	不揮発性 サイズが小さい 電源投入後の即時動作 再構成可能 ソフトエラー耐性大	不揮発性 高密度（サイズ小） オン抵抗・負荷容量小 ソフトエラー耐性大	書き換え回数無制限 再構成可能 CMOS の最先端プロセスを使用可
短所	書き換え時に高電圧 書き換え回数制限有 オン抵抗・負荷容量大	書き換え不可 プログラミング時間大 書込み欠陥テスト不可	メモリサイズ大 揮発性 セキュリティ確保困難 オン抵抗・負荷容量大

（8）　MEMS

MEMS とは，Micro Electro Mechanical Systems の略で，微小電気機械（マイクロ）システムをいいます。MEMS は，機械要素部品，センサ，アクチュエータ，電子回路を1つのシリコン基板やガラス基板，有機材料などの上に集積化したデバイスです。製品として利用されている MEMS の多くは，高密度集積回路（LSI）と組み合わせたヘテロ集積化した形で作られています。そのため，複雑で高度な機能を持っているにもかかわらず，ウェハ上に同時に多数作ることができるので，安価に製造できます。代表的な MEMS デバイスとして，プリンタヘッド，圧力センサ，加速度センサ，光スキャナ，デジタルミラーデバイス，HDD のヘッド，光スイッチ，光変調器などがあります。

3　制御技術

　制御技術は，多くの電気電子機器や設備に利用されており，重要な機能となっています。

（1）　制御

　JIS の定義によると，**制御**とは「ある目的に適合するように対象となっているものに所要の動作を加えること」とされています。また，**自動制御**とは「制御を制御装置によって自動に行うこと」と定義されています。制御には，**閉ループ制御系**と**開ループ制御系**があります。閉ループ制御系は，フィードバック制御系とほぼ同じ意味と考えてよいでしょう。また，開ループ制御系はシーケンス制御系と考えてよいでしょう。

　シーケンス制御の定義は明白ではないのですが，処理方法だけから言うと，操作はあらかじめ定められた順序に従って行われ，結果を入力に戻す操作はないため離散的な制御で，信号の経路は1方向になっている制御といえます。

（2）　フィードバック制御

　フィードバック制御は，制御対象物の状況を測定した結果を入力側に戻して，目標値との偏差を比べて，制御量を調整する制御です。外乱などの影響によって結果値が変化した場合も，その結果を入力側に戻して調整が行われますので，予測しがたい変化要因を含む場合にも適しています。しかし，フィードバック制御系では，外乱を受けてから動作する制御になりますので，基本的に外乱の影響を事前に避けることはできません。フィードバック制御においては，目標値との偏差を少なくする操作が行われますので，基本的に，ネガティブ（負の）フィードバックをする制御といえます。

　フィードバック制御の安定性を判別する方法としては，次のようなものがあります。

① すべての特性方程式の根の実数部が負であれば安定ですが，1つでも正の実数部を持つものは不安定です。

② **ラウスの安定判別法**では，特性方程式のすべての係数が存在し，同符号であるという条件が満たされていて，ラウスの数列の要素がすべて同符号であれば安定と判別できます。

③ **ナイキスト安定判別法**は，開ループ伝達関数のベクトル軌跡と（−1, 0）点の相対関係から安定性を判別できます。

④ ゲイン余裕と位相余裕が正であれば安定なシステムです。

　このうちラウスの安定判別法について具体的に説明します。

　特性方程式が，次のような場合のラウス表は**図表 3.3.1** のように表せます。

　特性方程式：$a_1x^4 + a_2x^3 + a_3x^2 + a_4x + a_5 = 0$　（条件：係数がすべて同符号）

図表 3.3.1　ラウス表 1

a_1	a_3	a_5
a_2	a_4	0
$b_1 = \dfrac{a_2 \times a_3 - a_1 \times a_4}{a_2}$	$b_2 = \dfrac{a_2 \times a_5 - a_1 \times 0}{a_2}$	0
$c_1 = \dfrac{b_1 \times a_4 - a_2 \times b_2}{b_1}$	$c_2 = \dfrac{b_2 \times 0 - a_2 \times 0}{b_1}$	0
以下同様		

この列がすべて同符号の場合：安定

これを具体的な係数の数字でできた特性方程式で再度確認してみます（**図表 3.3.2** 参照）。

特性方程式：$x^4 + 2x^3 + 3x^2 + 4x + 5 = 0$　（条件：係数がすべて同符号）

図表 3.3.2　ラウス表 2

1	3	5
2	4	0
$\dfrac{2 \times 3 - 1 \times 4}{2} = 1$	$\dfrac{2 \times 5 - 1 \times 0}{2} = 5$	0
$\dfrac{1 \times 4 - 2 \times 5}{5} = \boxed{-6}$	$\dfrac{1 \times 0 - 2 \times 0}{5} = 0$	0
$\dfrac{-6 \times 5 - 1 \times 0}{-6} = 5$	$\dfrac{-6 \times 0 - 1 \times 0}{6} = 0$	0

異符号であるので不安定

（3）　PID 制御

PID 制御は，比例（P）動作，積分（I）動作，微分（D）動作を組み合わせて，目標値への制御を行うものです。

比例動作とは，現在値と設定値の偏差に比例した操作量を働かせる動作です。比例要素の伝達関数は，$G(s) = K$ となります。K は，**定常ゲイン**（直流ゲイン）になり，比例要素は静的な要素であることがわかります。比例ゲインを大きくしていくと，定常偏差は減少していきます。

　積分動作とは，偏差の継続時間に比例して操作量を働かせる動作です。積分
要素の伝達関数は次の式になります。

$$G(s) = \frac{1}{Ts}$$

RC回路で実現した近似積分回路は**図表3.3.3**のようになり，伝達関数は，次
のようになりますので，一次遅れ要素と呼ばれます。

$$G(s) = \frac{1}{CRs+1} = \frac{1}{Ts+1}$$

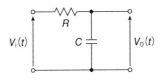

図表 3.3.3　近似積分回路

　微分動作は，偏差の変化の度合いに応じて操作量を働かせる動作です。微分
要素の伝達関数は，$G(s) = Ts$ ですが，物理的に微分要素を実現することは不可
能ですので，近時微分要素として次の式を利用します。

$$G(s) = \frac{Ts}{Ts+1}$$

　それを電気回路で表すと，**図表3.3.4**のようになり，伝達関数は，次のように
なります。

$$G(s) = \frac{CRs}{CRs+1}$$

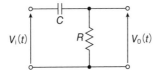

図表 3.3.4　近似微分回路

（4）　過渡応答

　システムに入力を加えると，ある時点までは複雑な応答を示します。この状態を過渡状態と呼びますが，その間の応答を**過渡応答**といいます。**図表 3.3.5** に示すように，伝達関数が $G(s)$ である制御対象に入力 $U(s)$ を加えたときの出力 $Y(s)$ は次の式で示せます。

図表 3.3.5　入力と応答

$$Y(s) = G(s)U(s)$$

入力としてよく用いられるものに，下記のものがあります。

（a）　インパルス応答

　図表 3.3.6 に示すような単位インパルスを入力した場合の，**インパルス応答**は次の式で表せます。

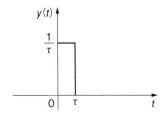

図表 3.3.6　単位インパルス入力

$$Y(s) = G(s)U(s) = G(s) \cdot 1 = G(s)$$

（b）　ステップ応答

　図表 3.3.7 に示すような単位ステップを入力した場合の，**ステップ応答**は次の式で表せます。

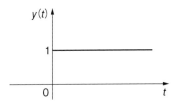

図表 3.3.7　単位ステップ入力

$$Y(s) = G(s)U(s) = G(s) \cdot \frac{1}{s} = \frac{G(s)}{s}$$

（c）　ランプ応答

図表 3.3.8 に示すような単位インパルスを入力した場合の，**ランプ応答**は次の式で表せます。

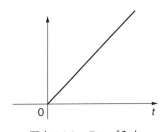

図表 3.3.8　ランプ入力

$$Y(s) = G(s)U(s) = G(s) \cdot \frac{1}{s^2} = \frac{G(s)}{s^2}$$

（5）　ラプラス変換と z 変換

ラプラス変換は，フーリエ変換を基本としており，下記の式に示すとおり，時間関数 $f(t)$ がある場合に，e^{-st} との積を $t=0$ から ∞ まで積分するものです。電気電子分野では，$j\omega = s$ とおいて解析によく用います。

$$\mathcal{L}[f(t)] = F(s) = \int_0^\infty f(t)e^{-st}\mathrm{d}t$$

代表的な関数のラプラス変換表を**図表 3.3.9** に示します。

図表 3.3.9　代表的な関数のラプラス変換表

	$f(t)$	$F(s)$
和算	$f_1(t) \pm f_2(t)$	$F_1(s) \pm F_2(s)$
定数倍	$a\,f(t)$	$a\,F(s)$
一階微分	$f^{\cdot}(t)$	$sF(s) - f(0)$
時間積分	$\displaystyle\int_0^t f(\tau)d\tau$	$\dfrac{1}{s}F(s)$
単位インパルス	$\delta(t)$	1
単位ステップ	$\mathrm{u}(t)$	$\dfrac{1}{s}$
指数関数	e^{-at}	$\dfrac{1}{s+a}$

　一方，離散関数を扱うのが z 変換になります。

　離散時間信号 $f(n)$，$-\infty < n < \infty$，が与えられているときには，下記の式が定義できます。

$$F(z) = \sum_{n=-\infty}^{\infty} f(n)z^{-n}$$

　z 変換は線形性を持っていますので，離散時間信号 $af(n)$ の z 変換は $a\,F(z)$ となります。

　また，離散時間信号 $f(n-L)$ の z 変換は次のようになります。

$$\sum_{n=-\infty}^{\infty} f(n-L)z^{-n} = \sum_{n=-\infty}^{\infty} f(n-L)z^{-(n-L)-L} = \sum_{n=-\infty}^{\infty} f(n-L)z^{-(n-L)}z^{-L}$$

$$= z^{-L}\sum_{n=-\infty}^{\infty} f(n-L)z^{-(n-L)} = z^{-L}F(z)$$

　では，次の例題を解いてみてください。

例題

離散時間信号 $ax(n-k)$ の z 変換はどう表せるか。

解答

$$\sum_{n=-\infty}^{\infty} ax(n-k)z^{-n} = a\sum_{n=-\infty}^{\infty} x(n-k)z^{-n} = a\sum_{n=-\infty}^{\infty} x(n-k)z^{-k}z^{-(n-k)}$$

$$= a\,z^{-k}\sum_{n=-\infty}^{\infty} x(n-k)z^{-(n-k)} = a\,z^{-k}F(z)$$

（6）　ロボット制御

これまで，ロボットは産業分野で多く用いられてきました。最近では，人型ロボットやペット形ロボットをはじめとして，身近でロボットを見かけるようになってきています。そういったロボットでは，細やかな制御が要求されますが，ここでは，産業用ロボットの制御についてまとめてみます。

産業用ロボットの制御には PTP 制御（Point To Point control）と CP 制御（Continuous Path control）があります。

PTP 制御は，指示された複数の地点を順次移動する制御で，短時間に指示された地点に行くことが重要視され，途中の奇跡よりは，高速移動性が求められます。PTP 制御は，スポット溶接ロボットなどで用いられています。

また，**CP 制御**は，移動の軌跡が重要視される制御で，アーク溶接などで用いられています。

4　計測

電気量を測定する際には，多くの計測機器を用いますが，そういった計測に用いられる計器の種類と特性について知識を持っておく必要があります。

（1）　計器の種類
計器には次のようなものがあります。

（a）　可動コイル形計器
可動コイル形計器は，永久磁石で作られた磁界の中に置かれた可動コイルに

測定電流を流すと，電流に比例したトルクが発生する仕組みの計器です。制御ばねが設けられており，測定電流に比例した回転角度でつりあって静止しますので，回転角が測定電流値を示します。直流測定専用の計器になります

（b）　可動鉄片形計器

可動鉄片形計器は，固定コイルに測定電流を流して発生する磁界によって，固定コイル中に置かれた可動鉄片と固定鉄片間に吸引力や反発力が発生し，駆動する計器です。電流の瞬時値の2乗の時間平均に比例したトルクが発生しますので，実効値指示計器です。そのため，方形波や直流でも実際の値が表示できますので，交直両用の計器となりますが，主に商用周波数交流の電圧計や電流計に用いられています。

（c）　電流力計形計器

電流力計形計器は，固定コイルに測定電流を流すと同時に，固定コイルの磁界中に置かれた可動コイルにも測定電流を流して，両コイル間に生じる駆動トルクで指針を動作させる計器です。直流から商用周波数まで利用できる精度の高い計器で，電流／電圧の実効値を指示します。固定コイルに負荷電流を流し，可動コイルに負荷電圧を加えることにより，電力計としても用いられます。

（d）　熱電対形計器

熱電対形計器は，発熱線に測定電流を流して発熱させ，そこに取り付けられた熱電対で発生した起電力を可動コイル形計器に加えて，指針を動作させる計器です。測定電流の2乗に比例した指示を行いますので，実効値を測定できます。熱電対形計器は，高周波用電流計にも用いられますが，過電流に弱いという欠点があります。

（e）　整流形計器

整流形計器は，交流を半導体整流器で直流変換して，その直流電流によって可動コイル形計器で指示をする計器です。測定電流は平均値を示すため，交流を正弦波と考え，波形率を用いて実効値目盛にしてあります。そのため，ひずみ波入力時には誤差を生じます。また方形波に対しては，ピークピーク形電子電圧計ではピークピーク値の$1/\sqrt{2}$（約71％）の指示となりますので，振幅

$100\,\mathrm{V}$ の方形波を例にすると，約 $71\,\mathrm{V}$ の値を示します。

（f）　静電形計器

静電形計器は，電極間に働く静電吸引力を利用して駆動トルクを得る計器で，実効値を示します。直流と交流の両方に使用でき，消費電力は小さいですが，精度はあまり高くはありません。

（2）　高電圧の測定

空気や $\mathrm{SF_6}$ ガスは，絶縁材料としてこれまで利用されてきています。空気の絶縁破壊電界は，大気中では，平等電界でおおよそ $1\,\mathrm{cm}$ 当たり $30\,\mathrm{kV}$ になり，気圧が高くなると絶縁破壊電界は上昇します。また，**$\mathrm{SF_6}$ ガス**は，空気の約 3 倍という高い絶縁破壊電界を持っています。

平等電界の火花電圧（V_s）は，温度一定のとき，気圧（p）とギャップ長（d）の積である pd の関数になり，pd を変数として V_s を描いた曲線を**パッシェン曲線**といいます。V_s は，pd が**図表 3.4.1** に示す値で最小値をとり，その値を**最小火花電圧**といいます。

図表 3.4.1　最小火花電圧と pd 値

気体	ヘリウム	アルゴン	空気
最小火花電圧 [V_s]	147	192	330
pd [mmHg·mm]	35	12	5.67

注）アルミニウム陰極の場合

（出典：電気工学ハンドブック第 7 版）

2 つの球電極で構成される気中ギャップの破壊電圧は，古くからピーク電圧の測定に用いられています。球ギャップの火花電圧は，球電極の直径，ギャップ長，相対空気密度を一定にすると，95％以上の信頼水準で 3％の推定不確かさをもつ標準測定装置として利用できます。なお，球ギャップの火花電圧は，電極間に働く静電気力を測定するので，電極表面に空気中のちりや繊維が付着すると低下することがあります。

（a）　交流高電圧の測定

交流高電圧の測定法として，次のものが用いられています。

① 計器用変圧器

② 高電圧キャパシタ

③ 広帯域分圧器

④ 静電電圧計

静電電圧計は，高電圧を印加された電極間に働く静電力を測定しますが，静電力は電場の方向には，マクスウェルの応力にしたがって $\frac{\varepsilon}{2}V^2$ の力が働きます。なお，ε は誘電率です。また，静電電圧計は，定格 50 kV 程度までのものが多くなっています。

（b）　直流高電圧の測定

直流高電圧の測定法として，次のものが用いられています。

① 棒—棒ギャップ

② 抵抗分圧器

③ 高抵抗倍率器

④ 表面電位計

表面電位計では，電位の測定は数十 kV までですが，非接触で測定することができます。

（3）　物理効果とその応用

電子分野では，物質が持っている物性を利用してデバイスとして活用しています。これまでに，多くの研究者よってさまざまな物理現象が発見され，物理効果として名前が付けられています。その物理効果を応用して，多くの電子素子や計測機器等が作られています。物理効果の中で，広く利用されているものは下記のとおりです。

（a）　ピエゾ効果

ピエゾ効果は，導体や半導体に，外力による応力やひずみを加えると電気抵

抗が変化する現象で，**圧電効果**ともいいます。ひずみ計などに利用されています。

（b）　ゼーベック効果

ゼーベック効果は，2種類の金属を2点で接したときに，その2接点の温度をそれぞれ別の温度に保つと，その温度差によって回路に電圧が発生する現象です。熱電対として，温度センサなどに用いられています。

（c）　ホール効果

ホール効果は，電流の流れている板に垂直に磁場をかけると，電流と磁場の双方に直交する方向に起電力が生じる現象です。ホール素子として，磁気センサに用いられています。

（d）　磁気抵抗効果

磁気抵抗効果は，半導体に磁界を作用させると，ローレンツ力によってキャリアのドリフト方向が曲げられ，電気抵抗が増加する現象です。磁気センサとして利用されています。

（e）　ファラデー効果

ファラデー効果は，磁場中に光ファイバなどの透明物質をおいた状態で，磁場に並行に光を通した際に，光の偏光面が回転する現象です。光ファイバ磁束計や光ファイバ電流計などに用いられています。

（f）　ジョセフソン効果

ジョセフソン効果は，2つの超伝導体間が薄い絶縁体を挟んで隔てられているときに，電子対がトンネル効果によって絶縁体を流れる現象です。**SQUID**（超電導量子干渉素子）磁束計などに用いられています。

（g）　光電効果

光電効果は，物質が光を吸収して光電子を生じる現象です。広い意味では，絶縁体や半導体に光を当てたときに電気伝導率が増加する内部光電効果も含まれますが，通常は光によって起電力が発生する外部光電効果である光起電力効果を意味する場合が多くなっています。内部光電効果の応用例としてはフォトダイオードがあり，カメラの光度計や街路灯などの光検出器として用いられて

います。

（h）　超音波

超音波とは，周波数が可聴周波領域（20 kHz）を超える弾性波をいいますが，超音波は，物質と物質の境界で一部が反射するという性質と，伝わる物質により速度が異なるという特性を持っています。超音波の特性を活用した計測器として超音波探傷器が広く用いられています。超音波探傷器は，探触子から発信した超音波が，検査対象物の内部の傷や反対面で反射して戻ってくる時間と強さを測定し，内部の状態を計測します。なお，超音波探傷試験装置では，周波数が 500 kHz〜10 MHz の縦波と横波の両方が使用されており，次のような特徴があります。

① 　内部にある面状の欠陥に対しての検出は容易であるが，球状の欠陥に関しては検出能力が低い。

② 　試験片の片側に測定器をおいての探傷が可能であるが，試験片の表面形状の影響を受けやすい。

③ 　板の探傷には向いていないが，試験材が微細な金属組織であれば超音波が遠くまで到達するので，厚板の内部の探傷も可能である。

（4）　センサ

センサは，基本的に人間の五感にあたる機能や計測装置として用いられるものです。利用されている現象として，物理現象，化学現象，バイオテクノロジー技術などがあります。

（a）　力学センサ

力学センサは，変位や角度などの状態を検出するものや，速度や加速度のように運動量を検出するもの，圧力やトルクといった力学量を求めるものなどがあります。それらに用いられる原理としては，圧電効果，ピエゾ効果，コリオリの力，ドップラー効果，圧力抵抗変化，静電容量変化，電気抵抗変化などがあります。

（b）　温度センサ

　温度センサは，非常に多くの場所で使われているセンサの1つです。温度帯によって用いられる原理は違いますし，接触形か非接触形かによっても違ってきます。用いられる原理としては，熱膨張や電気伝導度，ゼーベック効果などがあり，サーミスタ，熱電対，pn接合半導体などが用いられています。

（c）　電磁気センサ

　電磁気センサは，電圧，電流，磁界などの検出や測定をする場合に用いられます。利用される原理としては，電気ひずみ効果やファラデー効果，磁気ひずみ効果，ジョセフソン効果，ホール効果，磁気抵抗効果，表皮効果などがあります。

（d）　光学センサ

　光学センサは，可視光だけではなく，赤外線や紫外線までの測定を行う必要がありますので，非常に広範囲の波長を検知する必要があります。そのため，多くの原理が用いられています。光電効果はその中でも最も多く用いられますが，その他に，焦電効果，導電率変化，ヘテロダイン検波などが用いられています。最近デジタルカメラに用いられているCCD（電荷結合素子）も，光学センサの1つとして利用されます。

（e）　化学センサ

　化学センサは，人間の五感に対して，においや味覚，触覚などのセンサとして用いられます。具体例としては，ガス濃度や湿度測定，イオン濃度，味覚機能などを検知するセンサがあります。用いられる機能としては，分子吸着，イオン感応膜，酵素作用などがあります。

（f）　バイオセンサ

　バイオセンサは，自然界に生息する生物体やその一部をセンサとして利用するものです。酵素センサ，微生物センサ，DNAセンサ，免疫センサなどがあります。

（g）　CMOSイメージセンサ

　CMOSイメージセンサは，受光素子であるフォトダイオード1個にアンプ1

個が対をなす構造となっており，光を電気信号に変える半導体センサです。CMOS イメージセンサは 1 画素ごとに信号を増幅するため，高速転送が可能で，消費電力が少なく，低コストのセンサです。また，原理的に，**スミア**（明るい撮影条件下で生じる縦方向の光のスジ）や**ブルーミング**（強い光によって画面が白く抜ける現象）が発生しないという特長もあります。しかし，低照度時の画質が劣るという欠点があり，画素ごとのアンプのばらつきによるパターンノイズが生じる場合もあります。

（h）　エネルギーハーベスティング

センサネットワークや IoT（Internet of Things）を実現するためには，センサの電源の確保が必要です。そのために注目されているのが，**エネルギーハーベスティング**（環境発電）になります。エネルギーハーベスティング技術として注目されているものとして，**図表 3.4.2** に示すものがあります。

図表 3.4.2　エネルギーハーベスティング技術（例）

元のエネルギー	エネルギーハーベスティング技術
光エネルギー	太陽電池（シリコン太陽電池，色素増感太陽電池，有機薄膜太陽電池，CIS 太陽電池など）
力学的エネルギー	振動発電（圧電方式，静電方式，磁歪方式），小風力発電など
熱エネルギー	熱電発電，熱磁気発電，熱電子発電，熱光発電，熱音響発電など

（5）　精度

計測器には精度があります。JIS C 1102-2 の 3.2 項「階級」では，「電流計および電圧計は，次に示す階級指数によって**精度階級**を区分する。」として次の階級指数が示されています。

0.05，0.1，0.2，0.3，0.5，1，1.5，2，2.5，3，5

また，JIS C 1102-1 の 4.2.1「固有誤差と精度階級との関係」では，「最大許容誤差は精度階級に対応し，階級指数に±符号を付け百分率として誤差の限度を表す。

注記　階級指数が 0.05 の場合，固有誤差の限度は，基底値の ±0.05% であ

る。」

　としています。また，基底値は同規格の2.5.3で「計器及び／又は附属品の精
度を定義するために，誤差の基準となる規定された値。

　注記　例えば，測定範囲の上限値，スパン又はその他の明示された値。」と
されています。

　これらの内容を，具体的にフルスケール30 A で，精度1.5級の交流電流計を
例に説明すると，次のようになります。

$$最大許容誤差 = 30 \times \left(\pm \frac{1.5}{100} \right) = \pm 0.45 \; [A]$$

　この交流電流計が20 A を指示した場合には，正しい値は次のようになりま
す。

$$電流の正しい値 = 20 \pm 0.45 \; [A]$$

　一般に，複数の計器による誤差を考える場合には，次のように判断をします。

　2つの計器を使って測定する際に測定値 A, B を得た場合，それぞれの測定
値に対する測定誤差を ΔA, ΔB とすると，真値 A_0, B_0 は次のように表されま
す。

$$A = A_0 \pm \Delta A, \;\; B = B_0 \pm \Delta B$$

　また，この A と B の和を X とすると，$X = A_0 + B_0 \pm \Delta X$　となります。

$X = A_0 + B_0 \pm \Delta X = A_0 \pm \Delta A + B_0 \pm \Delta B$　より，

$\pm \Delta X = \pm \Delta A \pm \Delta B$　となります。

最大誤差を $|\Delta A|$, $|\Delta B|$, $|\Delta X|$ とすると，

$|\Delta X| \leq |\Delta A| + |\Delta B|$　となります。

5　記憶装置

　記憶装置には，**主記憶装置**と**補助記憶装置**があります。補助記憶装置は，主
記憶装置の容量不足を補うために使用される**二次記憶装置**と，大量のデータを

低コストで記憶するための**外部記憶装置**があります。そういった記憶装置の例を次に示します。

（a）　ハードディスク（HD）

ハードディスクは，円盤に磁性体を蒸着させて，高速回転させながら磁気ヘッドでデータを読み書きする記憶装置です。円盤の素材に，アルミニウムやガラスなどの硬い素材を用いているので，ハードディスクと呼ばれています。

（b）　コンパクトディスク（CD）

コンパクトディスクは，音楽やデータをデジタル化して記憶する光ディスクです。音楽用 CD，読み取り専用の CD–ROM，1 回限りしか書き込めない CD–R，書き換えできる CD–RW があります。音楽用 CD には CD–DA 方式（通称**レッドブック**）規格が用いられています。CD–DA 方式のサンプリング周波数は 44.1 kHz であり，サンプリング周波数の 1/2 の帯域幅でカットオフをしますので，44.1÷2＝22.05［kHz］が**カットオフ周波数**となります。

（c）　デジタル多用途ディスク（DVD)

デジタル多用途ディスクは，動画や音声，データなどをデジタル記憶する大容量光ディスクです。デジタルビデオ用の DVD–Video，音楽用の DVD–Audio，パソコン用の読み取り専用 DVD–ROM，1 回限りしか書き込めない DVD–R，書き換え可能な DVD–RAM，DVD–RW などがあります。

（d）　キャッシュメモリ

キャッシュメモリは，主記憶装置と中央演算装置の間に置かれる記憶装置で，主記憶装置の書き込み／読み出し速度が中央演算装置の処理速度よりも遅いために，それを補う目的で使われます。中央演算装置が読み込むデータがキャッシュメモリにある確率を**ヒット率**と呼び，ヒット率が高いほどアクセス速度が速くなります。

（e）　ディスクキャッシュ

ディスクキャッシュは，主記憶装置とハードディスクの間におかれる記憶装置で，データのやりとりを高速化する装置です。

（f）　半導体記憶装置

半導体記憶装置は，半導体メモリを用いた記憶装置で，読み書き共にできる **RAM** と読むだけの **ROM** があります。RAM は電源を切ると情報の保持ができませんが，ROM は電源が切れてもデータが保持されます。半導体記憶装置は半導体メモリを用いていますので，処理時間が早いのが特長です。

（g）　フラッシュメモリ

フラッシュメモリ は，電気的に内容を書き換えることができる ROM で，EEPROM の一種です。フラッシュメモリは BIOS の記憶に用いられる他に，デジタルカメラのメモリカードにも使われています。

（h）　DRAM

DRAM は，一定時間内に再書き込みを行う必要がある RAM で，構造が単純で高集積化や大容量化がしやすいという特長があります。容量当たりのコストは安く，コンピュータの主記憶装置などに使われていますが，読み書きのスピードは SRAM よりも劣ります。

（i）　SRAM

SRAM は，トランジスタのフリップフロップ回路によって構成されており，再書き込みの必要がないので，情報の読み書きが高速化できますが，構造は複雑ですので，容量当たりのコストは高くなります。そのため，高速な CPU の速度に追従する必要があるキャッシュメモリなどに利用されています。

（j）　FeRAM

FeRAM は，メモリセルに強誘電物質を用いた書き換え可能な不揮発性メモリです。

（k）　MRAM

MRAM は，データの記憶に磁気抵抗効果の記憶素子を用いたメモリで，高速な読み書きができ，高集積化された大容量の不揮発性メモリです。

第4章

情報通信

　情報通信として技術士第二次試験の選択科目の内容として示されているものは，次のとおりです。

―情報通信―

有線，無線，光等を用いた情報通信（放送を含む。）の伝送基盤及び方式構成に関する事項
情報通信ネットワークの構成と制御（仮想化を含む。），情報通信応用とセキュリティに関する事項
情報通信ネットワーク全般の計画，設計，構築，運用及び管理に関する事項

　実際の第一次試験および第二次試験では，無線通信，光ファイバ通信，LAN，インターネット，伝送システム，情報理論などの内容が出題されています。それらの中から，特に重要な部分を重点的にまとめてみます。

1 無線通信

　電波や光，X線などはすべて**電磁波**で，電磁波は電界と磁界が同時に広く空間に伝搬する横波の波動です。電磁波の伝搬速度（c）は次の式で表せます。

$$c = \frac{1}{\sqrt{\mu\varepsilon}} \qquad \mu : 透磁率, \quad \varepsilon : 誘電率$$

電波の定義としては，電波法第 2 条 1 に示されている，「**電波**とは，300 万 MHz 以下の周波数の電磁波をいう。」という規定があります。言い換えると周波数 3 THz（3,000 GHz）以下のものが電波と規定されています。

（1）　電波の種類と性質

電波の伝播速度は光と同じで，30 万 km/秒になります。ですから，3.0×10^8（m）を周波数（Hz）で割ると波長（m）が求まります。電波の中では，その周波数帯別に名称が付けられていますので，それを**図表 4.1.1** にまとめてみました。

図表 4.1.1　電波の周波数帯と名称

電波名称	記号	周波数	波長	用途
超長波	VLF	3～30 kHz	100～10 km	
長波	LF	30～300 kHz	10～1 km	
中波	MF	300 kHz～3 MHz	1 km～100 m	AM ラジオ
短波	HF	3～30 MHz	100～10 m	短波ラジオ放送，長距離の無線通信
超短波	VHF	30～300 MHz	10～1 m	無線電話
極超短波	UHF	300 MHz～3 GHz	1 m～10 cm	テレビ放送，携帯電話
センチ波	SHF	3～30 GHz	10～1 cm	衛星通信，衛星放送
ミリ波	EHF	30～300 GHz	1 cm～1 mm	
サブミリ波		300 GHz～3 THz	1～0.1 mm	

電波は，超音波とは違って真空中でも伝播しますし，一般的に直進伝播を行います。しかし，電波を遮蔽する障害物があると，一般の波と同様に電波はその裏に回りこみます，それを**回析**といいます。また，電波は反射もします。地球上では，地球の周りを囲む電離層によって，電波の反射や吸収が行われます。電離層の位置は，1 日の変化や季節変化，太陽のフレアや地磁気の状況によっ

て変わりますので，電波の受信状況もそれらに影響されます。

（2）　アンテナ

アンテナは電波を送受信するためには不可欠です。アンテナにはいくつかの
種類がありますが，その中で代表的なものをいくつか説明します。

（a）　半波長ダイポールアンテナ

ダイポールアンテナは，2つの金属棒を並べて，その中央に給電点を置いた
アンテナで，双極子という意味のダイポールから名前が付けられています。2
つの金属棒を直線に並べたものを半波長ダイポールアンテナといいます。半波
長ダイポールアンテナの長さは波長（λ）の1/2になります。具体例で示すと，
3 GHzのUHF帯電波では，電波の波長は10 cm（300,000,000 m÷3,000,000,000 Hz
＝0.1 m＝10 cm）となりますので，半波長ダイポールアンテナの長さはその半
分の5 cmになります。

半波長ダイポールアンテナは，短波帯から極超短波帯で一般的に用いられて
います。金属棒の配置をV字にした，Vダイポールアンテナも広く用いられて
います。

（b）　アレイアンテナ

アレイアンテナは，小さなアンテナを平面状に多数配置したアンテナで，1
つ1つのアンテナの出力は小さいですが，複数のアンテナの出力を合成するこ
とによって，大出力が得られます。それぞれの小アンテナから同時に電波を発
信すると，アンテナ面と直角方向の指向性を示しますが，それぞれの小アンテ
ナの発信タイミングをずらすと，アンテナ面に対して斜め方向に指向性を変え
ることができます。

（c）　1/4モノポールアンテナ

ラジオ放送では中波が用いられていますが，中波は波長が長いために，半波
長ダイポールアンテナの中央（給電部）部片側を導体板で置き換え，さらに半
分とした1/4モノポールアンテナが使われます。モノポールアンテナは無指向
性のアンテナです。タクシーの屋根に付けられているアンテナが1/4モノポー

ルアンテナです。この1/4モノポールアンテナを途中で90度に曲げたものが**逆 L アンテナ**になります。それを改良して，電源位置を移動させたのが**逆 F アンテナ**で，携帯電話などに用いられています。

（d）　パラボラアンテナ

パラボラアンテナは，お椀形の反射器を持ち，その反射器の焦点位置に放射器を設置した指向性のアンテナです。送信する場合には放射器から反射器に電波を送信し，逆に受信の場合には，お椀状の反射器で電波を焦点の放射器に集めます。放射器の中にはダイポールアンテナなどが使われています。パラボラアンテナは，微弱な電波のやり取りに向いているアンテナで，衛星放送の受信アンテナやレーダアンテナとして広く用いられています。放射器の場所に二次反射器をおいて，さらに電波を反射させ，一次反射器中央部に設置した放射器に焦点を合わせる**カセグレインアンテナ**というアンテナも実用化されています。

（e）　八木アンテナ

ダイポールアンテナの前後に，波長の半分の長さの金属棒を，波長の1/4の間隔で並べて導波器とすることによってアンテナ利得を高め，指向性を強化したものが**八木アンテナ**です。金属棒の数が増加すると感度が向上します。

（3）　移動体通信

移動体通信は，現代社会には欠かせない技術となっています。移動体通信で使える電波の周波数は限られていますので，その電波を効率良く使うことが求められます。移動体通信では，地域を複数のゾーンに分けて，ゾーン毎に基地局を置き，基地局と移動体端末との間で無線通信をします。1つのゾーンにいるすべての移動体端末が，限られた電波を効率良く相互利用するために，多元接続という技術を用います。

（a）　多元接続

実際に移動体通信に使われている多元接続には，周波数分割多元接続（FDMA），時分割多元接続（TDMA），符号分割多元接続（CDMA）があります。

①　周波数分割多元接続（FDMA：Frequency Division Multiple Access）

周波数分割多元接続（FDMA）は，利用する周波数帯を複数の細かな周波数帯に分割して，それぞれの周波数帯を別のユーザがチャンネルとして利用します。周波数の信号が漏洩して，他の通信に妨害を起こさないようにしなければならないために，装置の費用が高くなります。

②　時間分割多元接続（TDMA：Time Division Multiple Access）

時間分割多元接続（TDMA）は，利用する周波数帯を複数の細かな周波数帯に分割し，その周波数帯を一定の時間間隔に区切ってタイムスロットとして利用します。受信側では，タイムスロットを使って順番に送られてきた信号をメモリに蓄積して，元の速度で取り出します。先に示した FDMA に比べて，装置が小型で経済的であるというのが特長になります。音声のようなリアルタイム性を要求される場合に向いており，デジタル携帯電話に用いられます。

③　符号分割多元接続（CDMA：Code Division Multiple Access）

符号分割多元接続（CDMA）は，隣接する基地局や複数の移動体端末が，比較的広い周波数帯域の同じ周波数帯の電波を共有して利用する方式です。同じ周波数を共有するために，チャンネル毎に異なった符号を用意しておき，送信側からはその符号処理を行った後の信号を送り出し，受信側では同じ符号を用いて信号を元に戻します。基本的な技術は**スペクトラム拡散**で，秘話性に優れるという特性を持っています。CDMA 方式では，複数のユーザの音声信号にそれぞれ異なる符号を乗算し，すべての音声信号を合成して１つの周波数を使って送っているので，他のユーザの通信は自分にとっては不要な雑音となります。

④　直交周波数多元接続（OFDMA：Orthogonal Frequency Division Multiple Access）

直交周波数多元接続（OFDMA）は，直交周波数分割多重（OFDM）に基づいてフーリエ変換によって分割した複数の搬送波（サブキャリア）を，それぞれ異なるユーザーに割り当てることで同一の周波数上で多元接続を実現します。LTE やモバイル WiMAX などに採用されています。

（b） 移動体通信に使われる技術

　移動体通信では，地域における電波の状態が時々刻々と変化するだけではなく，端末が移動しますので，それに対する対策が必要となります。

　①　ハンドオーバ

　ハンドオーバとは，移動体通信において，端末が移動しながら通信をしている際に，違う基地局のゾーンに端末が移動した場合に，自動的に基地局を切り替える操作をいいます。具体的な方法として，ゾーンの境界付近ではハンドオーバの前後で複数の基地局と同時に通信をさせて，切り換え時に通信が途切れるのを防ぐような対策が取られます。

　②　フェージング

　フェージングとは，端末が移動しながら通信をしている場合に，移動に伴って受信する電波の出力が変動する現象です。フェージングが発生すると通信品質が落ちますので，その対策としてダイバーシチという技術が用いられます。具体的には，無線基地局に複数のアンテナを用意しておき，受信電力の高いアンテナに切り換えて通信したり，複数のアンテナの受信内容を合成したりして，通信品質を維持します。

　③　マルチパス

　マルチパスとは，アンテナから発信された電波が建物などの障害物で反射して届き，直接到達した電波と干渉して，通信品質に悪影響を及ぼす現象です。その対策として，**直交周波数分割多重（OFDM）**という変調方式を用います。OFDM の詳細については，第4章第5項（2）（e）を参照してください。

　④　ダイバーシチ技術

　ダイバーシチ技術とは，フェージングなどが発生している劣悪な伝送路環境で，高品質の伝送を実現する技術です。ダイバーシチとは，互いの相関が低い複数の受信波を合成することによって，受信レベルの落込みを軽減する方法です。基本的に，すべての受信信号のレベルが同時に減衰する確率は，一つの受信信号のレベルが減衰する確率よりも低くなるという原理に基づいています。同一信号を複数の異なる周波数で送信周波数ダイバーシチや，空間的に十分に

離した複数のアンテナを用いる**空間ダイバーシチ**，時間的な間隔をおいて複数回送信する**時間ダイバーシチ**，垂直偏波と水平偏波をそれぞれ受信する 2 本のアンテナを用いる**偏波ダイバーシチ**などの方法があります。

⑤　第 5 世代携帯電話（5G）

無線通信は，今後も高速・大容量化が求められていきます。それに対応するために 5G の技術開発が進められています。**5G** には，高速・大容量化に加えて，低遅延や多数同時接続という特徴を持っています。低遅延の実現によって，自動運転への活用やドローンなどの管制への活用が期待されていますし，多数同時接続によって IoT（Internet of Things）や M2M（Machine to Machine）への活用が期待されます。5G を実現する技術の 1 つとして，**Massive MIMO**（大規模 MIMO）があります。Massive MIMO は，複数のアンテナを使ってデータ通信を行う無線技術である MIMO（Multiple Input Multiple Output）を発展させた技術です。2×2MIMO や 4×4MIMO はすでに用いられていますが，Massive MIMO はさらに多くのアンテナを使って，空間内の周波数帯域の利用効率を高めます。さらに，Massive MIMO ではアンテナの指向性をある特定の方向にだけ集中する**ビームフォーミング**という技術を使って，出力電波の強さや位相を調整し，ピンポイントの端末に対して信号を強めて，他の端末との干渉を抑えることができます。その結果，混雑した環境でも通信速度を落とさずに通信ができるようになります。

⑥　IoT 向け通信技術

IoT におけるセンサノードの多くは電池駆動で，IoT ではデータ量が少ないながらも，高頻度に通信が行われます。そのために用いられる技術には，先に説明した 5G 以外にも **LPWA**（Low Power Wide Area）があります。日本においては，LPWA には Sub-GHz（920 MHz 帯）の特定小電力無線を使います。LPWA の通信速度は，数 kbps から数百 kbps と低速ですが，一般的な電池でも長期間の運用ができるほど低消費電力で，数 km から数十 km の範囲の広域性を有した通信技術です。LPWA を用いると，多くのデバイスを 1 つの基地局で接続することができますし，低コストの IoT ネットワークが構築できます。

（4）　衛星通信

衛星通信は，人工衛星に電波を送り，そこに搭載されたトランスポンダで電波を中継すると同時に増幅して，地上に送り返すという方法で通信を行います。衛星の軌道には，赤道上空 3 万 6 千 km の**静止軌道（GEO）**，高度 1 万 km の**中高度軌道（MEO）**，高度 500〜2,000 km の**低高度軌道（LEO）**があります。**静止衛星**は，地上から見ると上空に静止しているように見える衛星で，常に同じ位置に見えますので24時間通信に利用できます。しかし，打ち上げられる衛星数には限りがありますし，周回高度が高いために，通信の遅延時間が長くなるという欠点も持っています。MEO や LEO は，地球上から見ると時間によって移動する**周回衛星**です。衛星通信を使ったサービスとしては，次のものがあります。

（a）　VSAT（Very Small Aperture Terminal）

VSATは，直径1〜2 m 程度のアンテナを使った超小型衛星通信地球局間の通信サービスです。実際には，大型アンテナを備えた親局から発信された電波を，衛星を通じて超小型衛星通信地球局に配信するサービスが多く利用されています。

（b）　GPS（Global Positioning System）

GPSは，衛星測位システムと訳され，地球上での位置を測定するシステムです。衛星は米国防省の関連団体が運用しており，現在カーナビゲーションシステムとして広く用いられています。GPS で利用する衛星は，高度約 2 万 km にある 6 つの周回軌道上に合計24機（各軌道 4 機）プラス予備機が配置されており，地球上のどの位置からも 4 機の衛星が常に見通せるようになっています。原理的には，3 機の衛星からの距離をもとに位置を特定することができますが，測定誤差を補正するために，4 機の衛星を用いて位置の特定を行います。

（5）　テレビ放送

日本におけるテレビ放送電波には地上波デジタル放送と衛星放送があります。

（a） 地上波デジタル放送

地上波デジタル放送では，遅延波の影響を受けないように**直交周波数分割多重（OFDM）**が用いられています。OFDM は干渉妨害に強いため，アナログ放送のように隣接地域で異なる周波数を使う必要もなく，電波の利用効率は上がりました。この方式を**単一周波数方式**（SFN）といいます。変調方式は，1 シンボルを 8 ビットで送る **64QAM**（直交振幅変調）が用いられています。

（b） 衛星放送

衛星放送は，静止衛星を利用して行われています。衛星放送には，放送衛星を使う BS 放送と，通信衛星を使う CS 放送があります。放送衛星は，もともと一般家庭の小型アンテナでの受信を想定した放送専用の衛星として作られているため，通信衛星に比べて大電力で送信できるようになっています。放送衛星では円偏波，通信衛星は直線偏波を用いています。デジタル放送ではビルなどで反射されてくる遅延波が問題となりますが，パラボラアンテナの場合には，衛星の方向以外から来る遅延波を受信しませんので，衛星放送においてデジタル化が先行しました。BS デジタル放送で用いられている圧縮フォーマットは，DVD と同じ **MPEG-2** になります。変調方式は，BS デジタル放送で **8 相位相変調**が用いられ，CS デジタル放送では，送信出力が小さいため，8 相位相変調よりも雑音に強い **4 相位相変調**が用いられています。

4K8K 放送が開始されていますが，**4K 放送**は，ハイビジョンの 4 倍の画素数，**8K 放送**は，ハイビジョンの 16 倍の画素数の画像が楽しめます。4K8K 衛星放送では，高い周波数帯を用いますので電波減衰が多くなり，右旋偏波だけでなく左旋偏波も用いられます。映像符号化方式には，HEVC（Hight Efficiency Video Coding）が用いられており，MPEG-2 と比べてデータ量が 1/4 になります。

2 光ファイバ通信

最近では，インターネットの普及に伴って，より高速で大容量の通信を行い

たいというニーズは高まっており，**ブロードバンド通信**が求められるようになってきています。光ファイバを用いたブロードバンド通信回線サービスである**FTTH**（Fiber To The Home）は，高速で大容量の通信が広く利用できます。

（1）　光ファイバの特徴

光ファイバは，光を伝送する中心部のコアと，その周囲にあって屈折率がコアよりも1%程度低いクラッドからできています（**図表4.2.1**参照）。光ファイバには**単一モードファイバ**と**多モードファイバ**がありますが，単一モードファイバはモードが1つしかないため，伝送帯域は広くなり，高速通信に適しています。

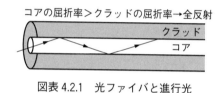

コアの屈折率＞クラッドの屈折率→全反射

クラッド
コア

図表4.2.1　光ファイバと進行光

光ファイバは，次のような特徴を持っています。

①　低損失

使用する周波数にもよりますが，銅線の損失が20 dB/kmに対して，光ファイバの損失は，1 dB/kmと大幅に低くなっています。

②　軽量

光ファイバの外径は0.1 mm程度しかなく，重量的にも軽量です。

③　強引張り荷重

光ファイバは7 kgの引張り荷重にも耐えることができ，同じ径の鋼線と比べても2倍程度高い引張り荷重があります。

④　低材料コスト

光ファイバの主材料は石英ですので，地球上に無限にある資源といえます。そのため，低材料コストです。また，プラスチック光ファイバは材料がさらに廉価になります。

⑤　広帯域・高速伝送

光を使った広帯域，高速伝送が実現できます。

⑥　無誘導性

光伝送では，通信経路上にある電力線や電波による電磁誘導等の影響を受けないため，安定した通信が行えます。

（2）　光源と損失

光ファイバの光源としては，コヒーレントな光を用います。**コヒーレント光**とは，干渉性（コヒーレンス）を持つ光で，言い換えると位相のそろった波形が，空間的にも時間的にも長く保たれる光です。長距離伝送用の光源としてはレーザが用いられますが，**レーザ**とは誘導放射による光増幅技術で，それを意味する英語（Light Amplification by Stimulated Emission of Radiation：LASER）の頭文字から作られた造語です。レーザは，波長と位相がそろったコヒーレント光を発光します。レーザ光の発生原理は，2つの反射鏡間に生成されたレーザ媒質中に，自然放出された光を反射鏡間で同位相になるように投射することによって，光を増幅させるものです。最後に，1枚の反射鏡からレーザ光として外部に取り出されます。

光通信に使われるレーザは，**半導体レーザ**（LD：Laser Diode）と光ファイバレーザです。半導体レーザは，電極間に活性層や反射鏡層を結晶成長させて作られ，半導体の再結合発光を利用した可視から近赤外領域のレーザです。半導体レーザは，電流注入によってレーザ発振が行えるために，レーザ光を容易に制御できます。半導体レーザは光ファイバ通信の光源として利用される他，レーザ計測器，レーザスキャナ，レーザディスク，レーザプリンタ，CD，光ディスクメモリ，バーコード読取装置などで用いられています。また，発光ダイオード（LED：Light Emitting Diode）が，短距離の伝送用光源として用いられています。

光ファイバによる通信における損失には，光ファイバが持つ固有の損失と外的な損失があります。主な損失は以下のとおりです。

（a）　吸収損失

吸収損失は，石英ガラスが持っている固有の損失で，**紫外吸収損失**と**赤外吸収損失**があります。この中で，特に赤外吸収損失が長波長での伝送時に問題になります。

（b）　散乱損失

散乱損失は，光ファイバ固有の損失で，その主なものは，光ファイバ製造時に起因する屈折率のゆらぎによって起こるレイリー散乱です。**レイリー散乱**とは，大きさが波長の1/10以下の粒子によって起こる，波長変化を伴わない散乱です。レイリー散乱は，光の周波数の4乗に比例して起こりますので，周波数の高い（短波長）光は散乱が大きくなります。

（c）　外的な損失

外的な損失には，光ファイバが曲げられたときに起こる**放射損失**や，ファイバの軸が側面から加えられた力で曲がったときに起こる**マイクロベンディング損失**があります。また，光ファイバ同士を接続する際の**接続損失**や光源と光ファイバ間の**結合損失**なども含まれます。

光ファイバで損失が少ない周波数として，0.85 μm 帯を第1の窓，1.3 μm 帯を第2の窓，1.55 μm 帯を第3の窓と呼んでいます。その中でも長波長帯である 1.55 μm が最も損失が少なくなっています。

なお，受光素子としては，PD（Photo Diode）と APD（Avalanche Photo Diode）との2種がありますが，PD は印加電圧が低く，APD は高くなります。

（3）　光増幅器

実際の通信路では，光ファイバ通信時の損失を補うために，光増幅を行う必要がでてきます。そういった場合に用いられるのが光増幅器です。**光増幅器**には，次のようなものがあります。

（a）　半導体光増幅器

半導体光増幅器は，共振構造がない半導体レーザで，光ファイバと接続する

際の接続損失が大きいため，単に増幅する目的だけで使われるよりは，光スイッチなどの機能を必要とする際に，合わせて増幅も行うという使い方で多く用いられます。

（b）　希土類ドープ光ファイバ増幅器

希土類ドープ光ファイバ増幅器は，シングルモード光ファイバのコア部分にエルビウムなどの希土類をドープしたものです。信号光と励起用半導体レーザ光を波長選択性光ファイバカップラで結合させて，希土類ドープ光ファイバ増幅器に導き，増幅を行います。

（c）　光ファイバラマン増幅器

光ファイバラマン増幅器は，誘導ラマン散乱を利用した増幅器です。この増幅器は，大きな励起パワーを必要としますし，増幅器部の光ファイバ長さも数 km と長くなりますが，どの波長でも利得を出せるという特長を持っています（**図表 4.2.2** 参照）。

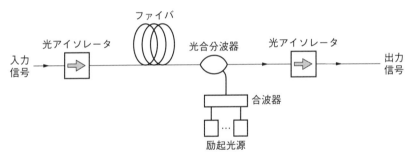

図表 4.2.2　光ファイバラマン増幅器の基本構成

（4）　変調方式

光ファイバ通信での変調方式として，一般的に**振幅変調（AM）**や**振幅偏移変調（ASK）**が用いられています。変調方式の詳細については，第 4 章 5 項（1）を参照ください。

3 | LAN

　ネットワークの基本は，構内通信網（LAN：Local Area Network）になります。
LAN は，オフィスの情報化の基本機能として発達してきました。その中で有線
による LAN の普及が進んできましたが，最近では無線 LAN も広く用いられる
ようになっています。

（1）　有線 LAN
（a）　LAN の形態（トポロジ）
　LAN の基本形態としては，次の 3 つがあります（**図表 4.3.1** 参照）。
　① 　バス形
　バス形は，1 本の基幹（バス）となるケーブルから T 分岐する形で端末を接
続します。基幹ケーブルの両端には，ターミネータと呼ばれる終端であること
を知らせる装置が取り付けられます。
　② 　スター形
　スター形は，ハブと呼ばれる集線装置を中心にして，放射状に端末を接続す
る方式です。
　③ 　リング形
　リング形は，ケーブル幹線を環状に配線し，その環状幹線から分岐する形で，

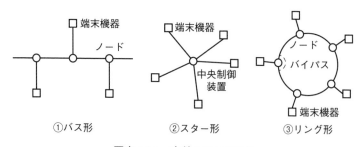

①バス形　　　　②スター形　　　③リング形

図表 4.3.1　有線 LAN の形式

端末を接続する方式です。

（b）　伝送媒体

LAN は，構内通信網であるため，短い距離で結ばれたコンピュータ間の通信を高速で行うというのが目的になります。当然，それを低コストで実現する必要がありますので，次のような媒体を用途に応じて使い分けます。

①　より対線

より対線は，ツイストペアケーブルとも呼ばれており，名前のとおり絶縁皮膜された2本の銅線を1組にして縒り合わせたものです。4心や8心のものが広く使われています。より対線は，使用する周波数やインピーダンスによって分類がなされており，その中で，品質の高いカテゴリ5がよく使われています。数字が低くなると品質が低くなります。より対線には，シールドがある**シールド付より対線（STP）**とシールドのない**非シールドより対線（UTP）**があり，一般オフィスではUTPが用いられます。STPは，雑音を受けやすい工場などに用いられます。

②　同軸ケーブル

同軸ケーブルは，中心の銅線を絶縁体で被覆し，その外側をシールドで被ったケーブルで，テレビアンテナケーブルとして用いられているものです。周波数の高い信号を伝送する場合や長距離の伝送においては，同軸ケーブルが用いられます。同軸ケーブルの構造と略号について，**図表4.3.2**に示します。

なお，波長にくらべて充分な長さを有する同軸ケーブルは分布定数回路となります。また，異なる特性インピーダンスの同軸ケーブルを接続すると，境界面で一部の信号は透過しますが，一部の信号は反射されます。接続する同軸ケーブル間の特性インピーダンスの差が大きいほど反射が多くなります。同軸ケーブルの特性インピーダンスは，同軸線路の誘電体が同じであれば，ln（外導体の内径／内導体の外径）に比例しますので，太さの比を変えると変化します。

③　光ファイバ

光ファイバは，長距離で高速・大容量伝送をする際に適していますので，

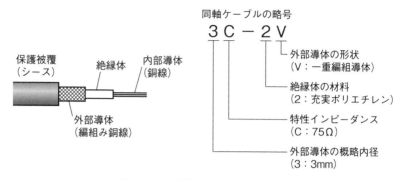

図表 4.3.2　同軸ケーブルの構造と略号

LANにおいては比較的長距離の幹線に用いられます。光ファイバ自体のコストは同軸ケーブルよりも安いのですが，光電変換装置が必要となりますので，そのコストに見合った場所と用途で用いられます。

（c）　アクセス制御方式

　LAN では，1 本の線を複数の端末で使用するために，アクセス権を制御する方法が必要となります。その代表的なものとして次のような方式があります。

　①　CSMA/CD（Carrier Sense Multiple Access with Collision Detection）

　CSMA/CD では，データを発信しようとする端末が，発信前に，ケーブルにデータが流れているかどうかを確認し（搬送検出），流れている場合にはそれが終了するまで待ち，流れていなければ送信を開始するという方式です。しかし，前の通信が終了した時点では，複数の端末が同時に通信可能だと判断しますので，2 つの端末が同時にデータを送信する送信権限を持ちます（多元接続）。その際に複数端末から同時にデータ送信が行われた場合には，データが衝突を起こします。データが衝突した場合にはそれを検知（衝突検知）して送信をやめ，再度最初から送信を始めます。そのため，この方式は**搬送検出多元接続・衝突検知方式**と訳されます。バス形 LAN に適した方法ですが，端末が増えて通信量が増えると，衝突機会が増えて伝送効率が低下します。

　②　トークンパッシング

　トークンパッシングは，ネットワーク上にトークンと呼ばれる制御パケット

を巡回させておき，送信をしたい端末はこのトークンを捕まえて，その後ろにデータを付けて送信します。送信が終わるとトークンを放して再びネットワーク上を巡回させます。この方式は，負荷が大きくても**スループット**（処理能力）が落ちないだけではなく，データ転送の遅延時間を予想できるという利点もあります。基本的に，この方式はリング形 LAN に適しており，トークンリングが有名ですが，バス形 LAN にも使えるトークンバスがあります。

（d） 代表的な LAN

実際に用いられている代表的な LAN には，イーサネット，トークンリング，トークンバス，FDDI（Fiber Distributed Data Interface）などがあります。

代表的な LAN を**図表 4.3.3** のように整理しましたので，参考にしてください。

図表 4.3.3　代表的な LAN

LAN の規格		伝送速度	ケーブル	アクセス制御	LAN の形態
イーサネット	10BASE-5	10 M	同軸	CSMA/CD	バス形
	10BASE-T	10 M	より対線	CSMA/CD	スター形
	100BASE-TX	100 M	より対線	CSMA/CD	スター形
	1000BASE-T	1 G	より対線	CSMA/CD	スター形
	10GBASE-X	10 G	光ファイバ	スイッチング	スター形
トークンリング		4 M，16 M	より対線	トークンパッシング	リング形
FDDI		100 M	光ファイバ	トークンパッシング	リング形
ATM-LAN		25 M，52 M，100 M，156 M，622 M	光ファイバ，同軸，より対線	スイッチング	スター形

（2）　無線 LAN

最近では，無線 LAN が普及してきており，家庭での使用も多くなっていますし，駅や飲食店などでも広く利用されています。

（a）　無線 LAN の種類

無線 LAN には大きく分けて，無線を使ったものと赤外線を使ったものがあります。無線を使ったものについては，**ISM**（Industrial Scientific and Medical）

バンドとして割り当てられている 2.4 GHz 帯を使ったものと，小電力データ通信システムと呼ばれる 5.2 GHz 帯を使った無線免許不要のものが主に用いられています。無線免許が必要な 19 GHz 帯も無線 LAN として利用できます。

①　IEEE802.11a

IEEE802.11a は，5.2 GHz 帯を使った無線 LAN 規格で，データの最大伝送速度は 54 Mbps です。電子レンジなどに使われる ISM バンドを使っていませんので，そういった機器からの干渉を受ける心配がありません。変調方式には**直交周波数分割多重（OFDM）**を採用しています。

②　IEEE802.11b

IEEE802.11b は，ISM バンドの 2.4 GHz 帯を使った無線 LAN 規格で，データの最大伝送速度は 11 Mbps です。現在，最も普及している方式ですので，機器の低価格化が進んでいますが，産業機器や医療機器などからの干渉を受ける場合があります。

③　IEEE802.11g

IEEE802.11g は，ISM バンドの 2.4 GHz 帯を使った無線 LAN 規格で，データの最大伝送速度は 54 Mbps です。伝送速度が IEEE802.11b よりも早く，IEEE802.11b との互換性がありますので，2 つを混在させて利用することが可能です。

④　赤外線 LAN

赤外線LANは，無線に比べて波長が短いことから，高速な伝送ができるという特長をもっていますが，光の直進性から障害物による通信障害が起こるという欠点も持っています。しかし，この欠点が逆に通信の漏洩などの問題をなくし，秘匿性が高い通信を実現するという効果もあります。赤外線の伝送距離は 1 km 程度で，最大通信速度は 155 Mbps です。変調方式としては**直接輝度変調**が用いられています。

（b）　アクセス方式

無線 LAN は，通常，アクセスポイントと端末によって構成されます。通信の形態には，アドホックモードとインフラストラクチャモードの 2 つがあります。

① アドホックモード

アドホックモードは，アクセスポイントを中継しないで，それぞれの端末が直接通信をする形態です。アクセスポイントがない分を低コスト化できますが，端末の数が増えると，端末同士で衝突の調整を行わなければならないために，通信効率が悪くなります。また，有線 LAN との相互通信ができませんので，あまり使われていません。

② インフラストラクチャモード

インフラストラクチャモードは，アクセスポイントを介して通信を行う方式で，アクセス制御には CSMA/CA が用いられています。複数のアクセスポイントを設置している場合には，アクセスポイントと端末をグループ化するために，ESS–ID を用います。インフラストラクチャモードは通信の効率も良く，アクセスポイントを有線 LAN につなぐことができます。この方式では，無線 LAN を広域のネットワークの一部として組み込めますので，現在広く用いられています。

③ CSMA/CA（Carrier Sense Multiple Access with Collision Avoidance）

CSMA/CA では，信号を伝送する端末が，現在 LAN 上で無線通信が行われているかどうかを確認し（搬送検出），もし他の端末が通信中であればその終了を待ち，そうでなければ送信を開始します。その際に，複数の端末が対等に送信権限を持ちます（多元接続）ので，2 つの端末が同時に送信する場合があります。無線の場合には，有線の場合と違って衝突の検知が難しいために，衝突を事前に回避（衝突回避）する必要があります。その方法として，端末がアクセスポイントに RTS（Request To Send）という信号を出して，通信可能かどうかを問い合わせます。その問い合わせに対して，アクセスポイントが通信可能であれば CTS（Clear To Send）信号を端末に送り，送信許可を与えます。このような手順の方式ですので，**搬送検出多元接続・衝突回避**と訳されます。通信が完了した場合には，ACK（ACKnowledgement）信号を端末が送信して終了します。

④　ESS-ID（Extended Service Set-IDentifier）

ESS-ID は，隣接する無線 LAN での混信を防ぐ目的で，アクセスポイントと端末をグループ化する手法です。それぞれの無線 LAN で設定した ID で通信相手を特定して，通信を行います。

（c）　変調方式

無線 LAN では，振幅偏位変調（ASK），周波数偏位変調（FSK），位相偏位変調（PSK），直交振幅変調（QAM），相補符号変調（CCK）などの変調方式で一次変調します。変調方式の詳細については第 4 章第 5 項（1）を参照してください。

無線 LAN では，一次変調の後に，スペクトラム拡散や直交周波数分割多重を用いて二次変調を行います。

①　スペクトラム拡散（Spread Spectrum）

スペクトラム拡散は，変調を行った後の占有する帯域幅が，変調前の数十倍に広がるような変調方式の総称です。この方法を用いると，ノイズの影響を受けにくくなります。スペクトラム拡散の代表例として，周波数ホッピングと直接拡散があります。

②　周波数ホッピング（FHSS：Frequency Hopping Spread Spectrum）

周波数ホッピングは，信号の伝送に利用する周波数を，擬似乱数コードを用いて，占有する帯域幅内の跳び跳びの周波数に短い時間間隔で変えて通信する方式です。この方法によって，通信の傍受が難しくなるため，秘匿性の高い通信が実現できます。

③　直接拡散（DSSS：Direct Sequence Spread Spectrum）

直接拡散は，送信したい信号にそれよりも高い周波数の PN コード（擬似乱数コード）を擬似雑音として掛け合わせて送信信号とします。送信信号は，PN コード周波数の比率分広がります。受信側では同じ PN コードを用いて逆拡散し，元に戻します。直接拡散は，ノイズや干渉に強く秘話性も高いので，無線 LAN では広く用いられています。

4 インターネット

インターネットで使われている標準通信プロトコルは TCP/IP です。**プロトコル**を日本語では通信規約といい，コンピュータ同士など対等な層間の通信制御で通信する際に決めておく規約です。通信プロトコルに関しては，ISO で標準化が進められ，OSI 参照モデルという標準が作られています。TCP/IP は，OSI 参照モデルを基にしていますが，それに忠実に作られたわけではなく，実際に即して作られた標準で，現在では TCP/IP がデファクト標準として国際的に通用しています。なお，異なるハードウェアやソフトウェア間でデータや命令のやり取りをする仕様を規定したものを**インターフェース**といいます。

（1） OSI 参照モデル

OSI 参照モデルは，ISO により定められており，**図表 4.4.1** に示す通り，7 つの階層構造になっています。

図表 4.4.1　OSI 参照モデル

層	名称	機能
第7層	アプリケーション層	アプリケーション間の通信処理手順を規定
第6層	プレゼンテーション層	データの標準フォーマットを規定
第5層	セッション層	通信の開始・終了等の管理を規定
第4層	トランスポート層	通信するシステム間のチャンネルを規定
第3層	ネットワーク層	経路選択やアドレスの管理を規定
第2層	データリンク層	隣接する機器間の通信手順を規定
第1層	物理層	伝送媒体・コネクタ形状などを規定

TCP/IP は，先に示したとおり，OSI 参照モデルに忠実に作られたわけではないため，そのプロトコルは 1 つの階層に対応するものだけではなく，複数の階層にまたがっているものも多くあります。たとえば，FTP や telnet は，セッション層，プレゼンテーション層，アプリケーション層に対応するプロトコルに

なります。

（2）　TCP/IP

TCP/IP は，複数の通信プロトコルの集合体を意味する言葉です。TCP/IP 通信プロトコルの中でも，主なものをいくつか紹介します。

（a）　TCP（Transmission Control Protocol)

TCP は，IP の上位プロトコルで，確認要求や応答などを確保した信頼性の高い形のプロトコルであり，トランスポート層に属しています。TCP では，ARQ（Automatic Repeat reQuest）におけるウインドウ機能を用いて，受信ノードの受信可能な情報量に応じて送信情報量を制御するフロー制御と，ネットワークのトラヒック状況に応じて送信情報量を制御する輻輳制御を実現しています。なお，TCP の輻輳制御では，スロースタートする際には加算的増大を行い，データの喪失が起きれば除算的減少をさせます。

（b）　UDP（User Datagram Protocol)

UDP は，IP の上位プロトコルで，トランスポート層に属しています。UDP はポート番号の扱いと誤り検出の機能だけを持っており，信頼性よりも伝送効率を重視したコネクションレス形のプロトコルです。

（c）　IP（Internet Protocol)

IP はネットワーク層に属しており，経路制御のために必要な IP アドレスや，パケット分割と再構成などの転送プロトコルで，IP アドレスに基づきデータグラム型パケット交換処理を行います。

（d）　ARP（Address Resolution Protocol)

ARP は，IP アドレスと対応するノードの識別を行う物理アドレスである MAC アドレスを関連付けるプロトコルです。

（e）　ICMP（Telecommunication network)

ICMP は，IP の状態を管理するためのプロトコルですので，IP を補完するプロトコルになります。ICMP は，経路選択の失敗や処理中の誤り検出の送信元への通知などを行うネットワークに接続されたコンピュータに接続して，遠隔

操作を行う機能を持っています。

（f）　RIP（Routing Information Protocol）

RIP は，距離ベクトルアルゴリズムを使用するルーティングプロトコルで，ホップ数が少ない経路を優先的に使用する仕組みです。

（g）　DNS（Domain Name System）

DNS は，インターネットなどで用いるホスト名の表記方法である FQDN（Fully Qualified Domain Name）と IP アドレス情報の相互変換や検索機能などを提供する通信サービスです。

（h）　DHCP（Dynamic Host Configuration Protocol）

DHCP は，ネットワークに接続する上で必要な情報の集中管理と自動割り当てを行うプロトコルです。

（i）　NAT（Network Address Translation）

NAT は，LAN をインターネットに接続する際に，LAN 側で使用するプライベート IP アドレスと，インターネット側で使用するグローバル IP アドレスの相互変換を行います。

（j）　ARQ（Automatic Repeat Request）

ARQ は，通信中にエラーが発生した場合に，受信側から送信側に対して，エラーが発生したデータの再送を依頼するための手順の総称です。

（k）　OSPF（Open Shortest Path First）

OSPF は，大規模ネットワーク向けに階層化ルーティングを可能にした TCP/IP 用プロトコルで，経路決定の際にリンクステートアルゴリズムを用いています。

（l）　SNMP（Simple Network Management Protocol）

SNMP は，ネットワーク機器やサーバの遠隔管理を行うための TCP/IP ベースのプロトコルで，取り扱う情報には，構成管理，障害管理，性能管理に関する情報などがあります。

（3）　IP アドレス

IP アドレスとは，ネットワークに接続するコンピュータやルータなどの機器に割り当てる 32 ビット（IPv4）または 128 ビット（IPv6）のアドレスです。IP アドレスでは，アドレス範囲の両端の値をネットワークアドレスとブロードキャストアドレスに使用します。**ネットワークアドレス**は，ホスト部の 2 進数のビットがすべて 0 のアドレスで，**ブロードキャストアドレス**は，ホスト部の 2 進数のビットがすべて 1 のアドレスです。具体的な IPv4 のアドレスを使って説明すると，ネットワークアドレスとブロードキャストアドレスは次のようになります。

【IP アドレス：170.16.16.8/16】

この場合，ネットワーク部 ＝［170.16］，ホスト部 ＝［16.8］ですので，

ネットワークアドレス：170.16.0.0

ブロードキャストアドレス：170.16.255.255

（なお，$00000000_2 = 0_{10}$，$11111111_2 = 255_{10}$）

（4）　IPv6

TCP/IP 通信では，パケットの形でデータを送受信します。**パケット**とは，ネットワーク層プロトコルで用いられるデータ伝送の単位で，伝送したいデータに TCP ヘッダと IP ヘッダが付加されています。TCP ヘッダには，通し番号や誤り検出情報などが含まれていますし，IP ヘッダには送信元や送信先の IP アドレスなどが示されています。IP アドレスは，TCP/IP ネットワークに接続されるコンピュータなどの機器に割り振られるアドレスで，IPv4 の場合には 32 ビットで，43 億個のアドレスが使えます。しかし，最近ではアドレス不足が問題になってきたため，128 ビットの **IPv6** に移行しています。IPv4 では，アドレスにクラスという概念があり，多くのアドレスが使える方から A，B，C のクラス分けがなされていました。しかし，アドレスの申請が増加したため配布するクラスがなくなり，小さなブロックごとにアドレスを割り当てる CIDR（Classless Inter-Domain Routing）という方法を用いていました。IPv6 では，そ

のクラスの概念は排除されました。なお，IPv6のアドレスにはユニキャスト，マルチキャスト，エニーキャストの3種類のタイプがあります。IPv6のヘッダ構造は，IPv4のヘッダ構造の中から必要がないフィールドが削られ，大幅に簡略されました。

　IPv6のアドレス表記は先頭から16ビットごとに区切って16進法に変換し，それらを「：」で区切ってつなぐ方式で行われます。このように，アドレスが長いので，各区切りの先頭から1の位の前までの0は省略できるとなっています。具体的な例で示すと次のようになります。

　　2003：02ab：0000：0001：0000：0000：00a1：912d

　　　　　　↓

　　2003：2ab：0：1：0：0：a1：912d

なお，0が複数回続く場合には：：として括ることができますが，それが使えるのは，1つのアドレスで1回限りとされています。その理由は2箇所以上使うと，それぞれの省略箇所でいくつの0を省略したのかがわからなくなるからです。

　IPv6とIPv4は互換性がないですが，いきなり切り替えることはできませんので，共存する技術がいくつか考えられています。

　①　デュアルスタック

デュアルスタックは，同一の環境・インタフェース上でIPv4とIPv6の両方を実装して使い分ける手法です。

　②　トンネリング

トンネリングは，ネットワークの中をパケットをカプセル化して通過させる手法で，IPv6パケットにIPv4ヘッダを付けてIPv4を通過させる方式と，IPv4パケットにIPv6ヘッダを付けてIPv6を通過させる方式があります。

　③　トランスレーション

トランスレーションは，IPv4ヘッダをIPv6ヘッダに，またはその逆のIPv6ヘッダをIPv4ヘッダに付け替える手法です。

（5）　回線交換とパケット交換

　電話回線やファックスでは，発信側が着信相手にダイヤルして，通信回線が接続されてから通信が終了するまでの間，回線が1対1の専用回線として確保されます。そのため，定められた速度でリアルタイムな伝送が可能です。また，1対1のリアルタイム通信ですので，端末同士の速度は同じである必要があります。

　一方，パケット交換の場合には，専用線とルータを使って網の目状に配置されたパケット交換機を使ってパケットを交換する方法になります。**パケット交換方式**では，パケットを送受信しているとき以外は回線を占有しませんので，チャネルを多重化して回線の使用効率の改善を図ることができます。また，パケット交換方式は，データを一定の小さなデータ片であるパケットにして通信を行うので，速度の異なる端末同士でも通信できます。なお，パケット交換方式は，複数のユーザが通信路を共有する通信方式ですので，パケットが同時に大量に通信網に送信されると，ネットワーク網内で伝送遅延や速度低下が発生する場合もあります。

（6）　VoIP

　VoIP とは，IP ネットワークを用いて音声情報をやり取りする手法です。VoIP では，デジタル化した音声をパケット化して運びます。通常の電話がコネクションを確立してから通信を行うコネクション型通信であるのに対して，VoIP はコネクションの確立を必要としないコネクションレス型通信ですので，回線使用率が高いのが特徴です。しかし，パケットにはパケットヘッダが付きますから，その分，元の音声データよりも大きくなりますので，伝送路利用効率は低下します。

　ネットワークの通信品質を制御する技術に **QoS**（Quality of Service）があります。VoIP においては，伝送速度，伝送遅延，ビット誤り率，パケット損失率などが通信品質に影響を及ぼします。

　発信者が着信者を呼び出す呼制御の場合に，従来の電話では2～3秒の接続

遅延時間がかかりますが，VoIP の場合には，それが 10 秒以上になる場合があります。VoIP で使われる呼制御のプロトコルとして **SIP**（Session Initiation Protocol）が用いられます。

　VoIP では，パケット処理時間やルータでの待ち時間によって起こる遅延時間のために，通常の電話よりも伝送遅延時間が大きくなる可能性があります。そのため，エコー対策が必須となります。また，IP パケットの遅延時間が一定時間を越えると IP パケットが廃棄されてしまうために，パケット損失による品質低下も考えられます。VoIP の音声品質基準として，**総合伝送品質率**（R 値）があります。

5 伝送システム

　通信では，単に 1 方向の通信のみを行う**単向方式**，両方向の通信が行えるが同時には 1 方向しか行えない**半二重方式**，同時に両方向通信が行える**全二重方式**があります。また，通信を効率的に行うためには，次のような操作を行います。

（1）　変復調方式

　搬送波を基にして，その振幅，位相，周波数を変えて，データを電気通信によって搬送できる形に変換する操作を変調といいます。なお，その逆変換操作を復調といいます。変復調方式には，次のようなものがあります。

（a）　振幅変調（AM：Amplitude Modulation）

　振幅変調（AM）は，搬送波である正弦波の振幅を変える変調方式です。回路は簡単で，使用する周波数帯域も狭くて済みますが，雑音の影響を受けやすく，帯域の利用効率が悪いという欠点があります。**単側波帯変調**（SSB：Single Side Band）や**両側波帯変調**（DSB：Double Side Band）などがあります。

　搬送波を振幅 A，周波数 f_c の正弦波とすると，搬送波は次の式で表せます。

$$C(t) = A \cos(2\pi f_c t)$$

　変調信号 $g(t)$ をこの搬送波 $C(t)$ で変調した場合の被変調信号 $S_{AM}(t)$ は次の式で表せます。

$$S_{AM}(t) = A(1 + m\, g(t)) \cos(2\pi f_c t) \qquad (0 \leqq m \leqq 1)$$

　m：**変調度**（規準化前の変調信号の最大値と搬送波の最大値との比）

　また，電力効率（η）は変調度（m）を用いて，次の式で表されます。

$$\eta = \frac{m^2}{2 + m^2}$$

（b）　周波数変調（FM：Frequency Modulation）

　周波数変調（FM）は，信号の内容に応じて搬送波の周波数を変化させる変調方式です。使用する周波数帯域は広くなりますが，雑音には強い変調方式です。ラジオ放送などの変調方式として使われています。

（c）　位相変調（PM：Phase Modulation）

　位相変調（PM）は，搬送波として正弦波を使っており，その正弦波の位相を変化させる変調方式です。雑音には強く，伝送効率は周波数変調よりも優れていますが，伝送帯域当たりの効率は良くありません。

（d）　振幅偏移変調（ASK：Amplitude Shift Keying）

　振幅偏移変調（ASK）は，デジタル信号を搬送波に載せるための変調方式で，搬送波の振幅は元のデジタル信号に対応させて変化させます。

（e）　周波数偏移変調（FSK：Frequency Shift Keying）

　周波数偏移変調（FSK）は，デジタル信号を搬送波に載せるための変調方式で，搬送波の周波数を元のデジタル信号に対応させて変化させます。受信側では，特定の周波数の搬送波だけを通過させるフィルタを使ってデジタル信号を取り出します。なお，2つの搬送波の周波数差を最小としながら1符号間隔の位相偏移差を最大の π とした方式を**最小シフトキーング（MSK）**と呼びます。MSK は同一伝送容量の PSK と比べて電力スペクトルの集中性が良いという特

徴を持っています。この MSK の利点を生かしつつ，一層の狭帯域化を図った方式として，GMSK 方式があります。**GMSK 方式**は，ガウスフィルタというローパスフィルタを通した後に MSK 方式の変調を行うことで，電力スペクトルの集中度が良くなり，帯域外スペクトルの抑圧度も高くなります。GMSK 方式は，基本的に FSK 方式の一種ですので，同期検波でも周波数検波でも復調できます。なお，ガウスフィルタの帯域幅を小さくすると，スペクトルの集中度が上がり，スペクトル特性は狭帯域になります。逆に，帯域幅を大きくすると，符号誤り率は下がり，ビット誤り率特性は向上します。

（ f ）　位相偏移変調（PSK：Phase Shift Keying）

　位相偏移変調（PSK）は，デジタル信号を搬送波に載せるための変調方式で，搬送波の位相は元のデジタル信号に対応させて変化させます。位相を 180 度ずらすものを **2 値位相偏移変調（BPSK）**といいます。BPSK は，位相が急激に変化するため，出力スペクトルが広がる欠点がありますが，雑音の影響を受けにくいという長所もあります。BPSK は，衛星通信データサービスに用いられています。また，**4 値位相偏移変調（QPSK）**は，0 度，90 度，180 度，270 度の 4 つの位相を使用する変調方式です。1 回で 2 ビット（2^2）のデータを伝送できますので，BPSK に比べて伝送できる情報が 2 倍になります。電話回線のモデムなどに用いられています。また，QPSK から 45 度位相をずらして振幅変動を小さくした変調方式として，**π/4 シフト QPSK** 方式もあります。なお，45 度ずつ離れた 8 位相点を用いて 1 シンボル当り 3 ビットのデータを送信する 8PSK 方式（8 相位相偏移変調）や，22.5 度ずつ離れた位相点を用いる 16PSK（16 相位相偏移変調）もあります。

（ g ）　パルス符号変調（PCM：Pulse Code Modulation）

　パルス符号変調（PCM）は，音声などのアナログ信号を符号化する方式で，音声などのアナログ信号を音声→標本化→量子化→符号化し，デジタル伝送路に送ります。この方式を用いると，ノイズや信号の歪みに対して強い通信ができますが，変調に用いられる標本化時点での特性劣化が問題となります

（h）　パルス幅変調（PWM：Pulse Width Modulation）

パルス幅変調（PWM）は，電圧の高低を ON/OFF 時間のパルス幅変更で表現する変調方式です。通信以外には，鉄道車両の VVVF インバータでも用いられています。

（i）　パルス位置変調（PPM：Pulse Position Modulation）

パルス位置変調（PPM）は，一次変調によってデジタル化したデータを，符号化されたコード上の信号位置を変えて，搬送データ量を増やすために用いられます。赤外線などの無線通信に利用されています。

（j）　直交振幅変調（QAM：Quadrature Amplitude Modulation）

直交振幅変調（QAM）は，アナログ波の位相と振幅の組み合わせに対してビット列を割り当てる変調方式で，狭帯域での高速通信が可能となりますが，移動体通信でのフェージングに弱いという欠点があります。直交振幅変調には，1 シンボルで 4 ビットの情報を伝送する **16QAM**，1 シンボルで 8 ビットの情報を伝送する **64QAM**，1 シンボルで 16 ビットの情報を伝送する **256QAM** があります。この変調方式は，デジタル無線通信や電話モデム，地上波デジタル放送などで用いられています。

伝送できるビット数計算の例題を示しますので，参考にしてください。

例題

ディジタル変調方式を使って，BPSK（Binary Phase Shift Keying）で 4 シンボル，QPSK（Quadrature Phase Shift Keying）で 2 シンボル，16 値 QAM（Quadrature Amplitude Modulation）で 3 シンボルのデータを伝送した。伝送した合計 9 シンボルで最大伝送できるビット数を求めよ。

解答：

BPSK は 2 値位相偏移変調ですので，1 シンボル当たり 1 ビットのデータを伝送します。QPSK は，1 シンボル当たり BPSK の 2 倍のビット数である 2 ビットを伝送します。16 値 QAM は，2^4 ですので 1 シンボル当たり 4 ビットを伝送します。よって，問題の条件では，下式のビット数を伝送する計算になります。

$$\begin{array}{cccc}
\text{BPSK} & \text{QPSK} & \text{16値QAM} & \\
4\times1 & + \quad 2\times2 & + \quad 3\times4 & =4+4+12=20 \ [\text{ビット}]
\end{array}$$

（k）　同期検波と非同期検波

　変調された信号を復元する過程を復調または検波といいますが，検波の方法としては，同期検波と非同期検波があります。**同期検波**は，入力信号に含まれている搬送波と周波数，位相の等しい復調用搬送波を用意しておき，これと受信信号との積をとった後に，不要高周波成分を除去する方法です。入力信号に含まれている搬送波と周波数，位相の等しい復調用搬送波を準備するため，回路構成は複雑になります。誤り率特性は，チャネルの時間変動がない場合に改善されます。

　一方，**非同期検波**は，整流・2乗などの非線形特性を利用し，搬送波帯域信号から変調信号を抽出する方法で，復調用搬送波が不要なため，簡便な変調方式です。

（2）　多重化

　実際の通信では，複数の通信信号を1本の通信回線にまとめることによって，回線効率を高めて伝送できるようにするために，**多重化**を行います。多重化の方法には，次のようなものがあります。

（a）　時分割多重（TDM：Time Division Multiplexing）

　時分割多重（TDM）は，データを送出する時間をタイムスロットに分割して，複数のデータを多重化させる方式です。各データの量に関係なく固定されたタイムスロットを割り当てますので，ネットワークの効率は良くありませんが，音声のようにデータ遅延が問題になるような通信の場合には向いている方式です。

（b）　周波数分割多重（FDM：Frequency Division Multiplexing）

　周波数分割多重（FDM）は，複数の搬送周波数を1本の回線に同時に載せて，複数のデータを同時に搬送する方式です。送信信号と受信信号を別の周波数で同時に伝送するという使い方もあります。

（c）　空間分割多重（SDM：Space Division Multiplexing）

空間分割多重（SDM）は，光ファイバケーブルに複数の心線を収納して，ケーブル当たりの回線数を大きくする方法です。

（d）　波長分割多重（WDM：Wavelength Division Multiplexing）

波長分割多重（WDM）は，波長の異なる複数の搬送波を使用して，1 本の光ファイバに複数のデータを多重させる方式です。波長の異なるビームは干渉しないという性質を利用しています。1 本の光ファイバに 100 波程度まで多重化できます。

（e）　直交周波数分割多重（OFDM：Orthogonal Frequency Division Multiplexing）

直交周波数分割多重（OFDM）は，搬送波の周波数を分割して複数の搬送波で伝送するマルチキャリア方式を利用しています。搬送波間の間隔が狭いので，周波数利用効率が最も高いのが特長です。また，複数の搬送波で並列にデータを伝送しますので，1 データ当たりの時間が長くとれ，フェージングやマルチパスなどの問題に対して強くなるという特長も持っています。無線 LAN，WiMAX，LTE，デジタルテレビ放送などに用いられています。

（3）　標本化定理と符号化

（a）　標本化

標本化定理は，「周波数が W[Hz] 以下の成分しか持たない信号は，それを $\dfrac{1}{2W}$[s] 以下の時間間隔でサンプル化した値で送れば，原波形は完全に再現される。」というもので，音声や映像などのアナログ信号をデジタル信号に変換する際に用いられます。この場合の $T = \dfrac{1}{2W}$ を**ナイキスト間隔**といい，W を**ナイキスト帯域幅**といいます。また，$f = \dfrac{1}{T} = 2W$ を**サンプリング周波数**と呼びま

す。また，サンプリング周波数の1/2の周波数 $\left(f_0 = \dfrac{1}{2T}\right)$ を**ナイキスト周波数**

といい，ナイキスト周波数より大きな周波数であれば原信号を再生できます。

（b）　量子化

標本化によって区切った個々の振幅方向の値を適当な単位で測り，離散値で表す処理を**量子化**といいます。量子化されたデジタル値と原信号の値の差を量子化誤差といい，量子化誤差は量子化ビット数が多いほど小さくなります。また，**量子化誤差**は量子化幅に依存して変化しますが，標本化の時間間隔には影響されません。量子化間隔がすべて等しい場合を線形量子化，等しくない場合を非線形量子化と呼びます。**線形量子化**の場合には，標本値のビット数を n ビット増加すると量子化雑音電力は $6n[\mathrm{dB}]$ 減少します。また，線形量子化では量子化雑音電力はほぼ一定ですので，信号電力／量子化雑音電力である信号電力対量子化雑音電力比は，信号電力が小さいほど小さくなります。非線形量子化を行う際の圧縮器特性の代表的なものとして，**μ-law**（μ 則）があります。

（c）　符号化

量子化した標本値を適当な 2 進符号で置き換えてデジタル信号にする行為を**符号化**といいます。音声などのアナログ信号を 2 進符号で表してパルス伝送する変調方式を**パルス符号変調（PCM）**方式といい，PCM で用いられる 2 進符号で代表的なものとして，自然 2 進符号，交番 2 進符号，折返し 2 進符号などがあります。

6　情報理論

情報通信に関しては，さまざまな理論が用いられていますので，その中からいくつか重要なものを示します。

（1）　フーリエ変換と離散フーリエ変換

フーリエ級数の原理は，「任意の周期関数は，正弦波と余弦波の級数和で表

すことができる。」というもので，フーリエ級数を式で表すと次のようになります。

$$f(t) = a_0 + \sum_{n=1}^{\infty} \left(a_n \cos \frac{2\pi nt}{T} + b_n \sin 2\frac{\pi nt}{T} \right)$$

なお，a_0，a_n，b_n をフーリエ係数と呼びます。

関数 $f(t)$ が $-\infty < t < \infty$ で微分できるときに，下記の式を $f(t)$ の**フーリエ変換**といいます。

$$F(\omega) = \int_{-\infty}^{\infty} f(t) e^{-j\omega t} \mathrm{d}t$$

フーリエ変換テーブルの例を，**図表4.6.1** に示します。

図表4.6.1　フーリエ変換テーブル（例）

$f(t)$	$F(\omega)$
$\overline{f(t)}$	$\overline{F(-\omega)}$
$e^{jat}f(t)$	$F(\omega - a)$
$f(t-a)$	$e^{-j\omega a}F(\omega)$
$f^{(n)}(t)$	$(j\omega)^n F(\omega)$

　フーリエ変換では，$\sin X$，$\cos X$ をよく用いますので，**オイラーの公式**から求められる次の式も覚えておいてください。

オイラーの公式：$e^{\pm jX} = \cos X \pm j \sin X$

$$\cos(\omega t) = \frac{e^{j\omega t} + e^{-j\omega t}}{2}$$

$$\sin(\omega t) = \frac{e^{j\omega t} - e^{-j\omega t}}{2j}$$

この内容を具体的な例題で確認してみると次のようになります。

例題

信号 $f(t)$ のフーリエスペクトルを $F(\omega)$ とする。$f(t)$ と $\cos(\omega_0 t)$ の積，$f(t)\cos(\omega_0 t)$ のフーリエスペクトルを表す式を求めよ。

解答：

　オイラーの公式：$e^{\pm jX} = \cos X \pm j\sin X$ より，

$$\cos(\omega_0 t) = \frac{e^{j\omega_0 t} + e^{-j\omega_0 t}}{2} \quad \text{となりますので，}$$

$$f(t)\cos(\omega_0 t) = \frac{e^{j\omega_0 t}f(t) + e^{-j\omega_0 t}f(t)}{2} \quad \text{となります。}$$

フーリエ変換の性質の $e^{j\omega_0 t}f(t) \quad \Leftrightarrow \quad F(\omega - \omega_0)$ から，

$f(t)\cos(\omega_0 t)$ のフーリエスペクトルは次のようになります。

$$\frac{F(\omega - \omega_0) + F(\omega + \omega_0)}{2}$$

　フーリエ変換は連続的な関数を対象としていますが，実際の業務においては，離散的なデータを扱う場合が多くあります。そういった場合に用いるのが**離散フーリエ変換**になります。離散時間信号の$\{x(n)\}$の離散フーリエ変換 $(X(k))$ は次式で表されます。

$$X(k) = \sum_{n=0}^{N-1} x(n)\mathrm{e}^{-j\frac{2\pi nk}{N}} \qquad k=0,\ 1,\ \cdots,\ N-1$$

離散フーリエ変換に関する具体的な例題として次のようなものがあります。

例題

長さ N の信号値系列 $\{x(n)\}$ の DFT（離散フーリエ変換）$X(k)$は次式のように表される。

$$X(k) = \sum_{n=0}^{N-1} x(n)\mathrm{e}^{-j\frac{2\pi nk}{N}}$$

$\{x(n)\}$ が次式のように与えられた場合，$X(k)$ を計算した結果を求めよ。

$$x(n) = \begin{cases} 3, & n=0 \\ -1 & n=1,\ N-1 \\ 0 & 2 \le n \le N-2 \end{cases}$$

解答：

条件から，$X(k)$ は以下のようになります。

$$X(k) = 3 - e^{-\mathrm{j}\frac{2\pi k}{N}} - e^{-\mathrm{j}\frac{2\pi(N-1)k}{N}} = 3 - e^{-\mathrm{j}\frac{2\pi k}{N}} - e^{-\mathrm{j}2\pi k}e^{\mathrm{j}\frac{2\pi k}{N}}$$

$$= 3 - e^{-\mathrm{j}\frac{2\pi k}{N}} - e^{\mathrm{j}\frac{2\pi k}{N}}$$

$$= 3 - \cos(2\pi k/N) + \mathrm{j}\sin(2\pi k/N) - \cos(2\pi k/N) - \mathrm{j}\sin(2\pi k/N)$$

$$= 3 - 2\cos(2\pi k/N)$$

注）$e^{-\mathrm{j}2\pi k} = \cos 2\pi k - \mathrm{j}\sin 2\pi k$

（2）　符号の木

ハフマン符号は，音声データの圧縮に用いられ，出現率の高いものになるべく短い符号を割り当てる手法です。ハフマン符号を用いて，二元符号化で瞬時に復号可能な符号化を行っているかどうかを確認する手段として，**符号の木**という手法を用いますので，それを説明します。木構造は，基本的に**図表 4.6.2** のようになります。

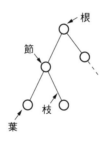

図表 4.6.2　木構造

この中で，すべての符号が葉になっている場合を，瞬時に復号可能と判断します。それでは，具体的に符号の木で信号を表してみます。**図表 4.6.3** の信号 B は，すべての信号が葉になっていますので，瞬時に復号可能な信号となります。逆に，同図の信号 A には 1 つ節が含まれていますので，瞬時に復号可能な信号とはいえません。

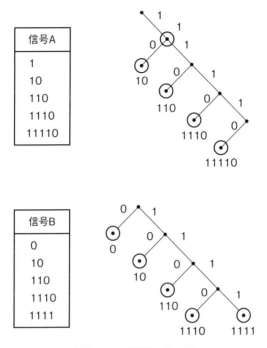

図表 4.6.3　符号の木の例

　情報源シンボル s_i の発生確率が，**図表 4.6.4** の $P(s_i)$ に示す場合の信号の平均符号長を出す方法を示します。

図表 4.6.4　信号の発生確率

s_i	s_1	s_2	s_3	s_4	s_5
$P(s_i)$	0.4	0.2	0.2	0.1	0.1

　信号が，$s_1 : 1$，$s_2 : 00$，$s_3 : 010$，$s_4 : 0110$，$s_5 : 0111$ である場合に，平均符号長を計算します。**平均符号長**は，各符号の発生確率と符合の木のパス数ですので，次の計算式で求められます。

$$平均符号長 = 0.4 \times 1 + 0.2 \times 2 + 0.2 \times 3 + 0.1 \times 4 + 0.1 \times 4 = 2.2$$

（3）　通信路符号化

　情報源符号化された情報は，変調されるか伝送符号に変換され，受信側に送信されます。その際に伝送路の減衰特性や雑音の影響受けて，伝送符号系列に誤りが生じる場合があります。その誤りを検出して誤り訂正することによって正確な情報の授受を実現するのが誤り制御方式です。誤り訂正符号は，ブロック符号と畳込み符号に大別されます。

　ブロック符号は，情報系列を適当なブロックに区切り，ブロック単位に独立して符号化や復号化を行います。主なブロック符号としては，ハミング符号と巡回符号があります。**ハミング符号**は，データを送信する際に，元のデータにチェック用のデータを付加して送信することで，受信側で受け取ったデータに誤りがないかを検証し自己修正を行います。巡回符号は，符号語を構成する各ビットを順次シフトしても，それがまた符号語になるという考え方です。代表的なものとして BCH 符号があります。**BCH 符号**は，複数個のランダム誤りを訂正できる符号として用いられます。

　一方，**畳込み符号**は過去と現在のデータを用いて誤り訂正をする方法で，通信状態が悪い移動体伝送路や遠距離通信路などに利用されます。

（4）　パリティチェック方式

　パリティチェック方式には，垂直パリティチェック方式，水平パリティチェック方式，水平垂直パリティチェック方式があります。**垂直パリティチェック方式**は，伝送方向に対して垂直方向に検査用のパリティビットを追加し，ビット列全体で奇数（奇数パリティ）か偶数（偶数パリティ）になるようにします。ただしこの方法では，偶数個の誤りが発生した場合には検出できません。**水平パリティチェック方式**も，同様に，偶数個の誤りが発生した場合には検出できません。これらの方法は，誤りを検出して再送を行う場合に用いられます。

　一方，**垂直水平パリティチェック方式**は，両方にパリティ検査符号という符合を加えて，全体として偶数または奇数にする方式です。ここでは，垂直水平パリティチェック方式で偶数パリティの例を**図表 4.6.5** で説明します。色が付

けてある部分がパリティ検査符号で，水平垂直ともに偶数になるようにパリティ検査符号を付けて送信します。

送信側データ

1	0	0	1	0
0	0	0	0	0
0	1	0	0	1
1	0	1	0	0
0	1	1	1	1

受信データ

0	0	0	1	1
0	0	0	0	0
0	1	0	0	1
1	0	1	0	0
✕	1	1	1	0

図表 4.6.5　垂直水平パリティ方式偶数パリティの例

　送信側では送信する際に水平方向と垂直方向のパリティを作成して，すべてを偶数として送信します。受信した際には受信側でも同じ演算をしますが，受信データ中に✕がついたデータに誤りが発生したと仮定すると，一番左のパリティと一番下のパリティが不正となりますので，その交点のデータが0でなければならないというのがわかります。このように，垂直水平パリティ方式では，誤りを自動訂正できます。

　検査符号の原理的は以上のとおりですが，具体的な例題を下記に示します。

例題

パリティ検査行列 $\mathbf{H} = \begin{bmatrix} 1 & 0 & 0 & 1 & 1 & 0 & 1 \\ 0 & 1 & 0 & 1 & 0 & 1 & 1 \\ 0 & 0 & 1 & 0 & 1 & 1 & 1 \end{bmatrix}$ を持つ符号長7の2元

Hamming 符号を，$\mathbf{Hx^T} = \begin{bmatrix} 0 \\ 0 \\ 0 \end{bmatrix}$ を満たす $\mathbf{x} = [x_1, x_2, x_3, x_4, x_5, x_6, x_7]$

（$x_i = \{0, 1\}$）の集合として定義する。ただし，$\mathbf{x^T}$ は $\mathbf{x}$ の転置を表し，行列 $\mathbf{H}$ とベクトル $\mathbf{x^T}$ の積は各々の成分の「mod 2 を伴う加算と乗算」に従うも

のとする。符号語 **x** を「高々1ビットが反転する可能性のある通信路」に
入力して出力 **y** = [0, 1, 0, 0, 0, 0, 0]が得られたとき，符号語 **x** として
正しいものは，次のうちどれか。

① 　[0, 1, 0, 0, 0, 0, 0]

② 　[1, 1, 0, 0, 0, 0, 0]

③ 　[0, 1, 0, 0, 1, 0, 0]

④ 　[0, 0, 0, 0, 0, 0, 0]

⑤ 　[0, 1, 1, 0, 0, 0, 0]

解答：

「高々1ビットが反転する可能性のある通信路」に入力して出力 **y** が得られた
のですから，**x** は次の8つのケースが考えられます。

ケース	単一誤りが生じるビット	**x**
1	第1ビットに誤りが生じた場合	[1, 1, 0, 0, 0, 0, 0]
2	第2ビットに誤りが生じた場合	[0, 0, 0, 0, 0, 0, 0]
3	第3ビットに誤りが生じた場合	[0, 1, 1, 0, 0, 0, 0]
4	第4ビットに誤りが生じた場合	[0, 1, 0, 1, 0, 0, 0]
5	第5ビットに誤りが生じた場合	[0, 1, 0, 0, 1, 0, 0]
6	第6ビットに誤りが生じた場合	[0, 1, 0, 0, 0, 1, 0]
7	第7ビットに誤りが生じた場合	[0, 1, 0, 0, 0, 0, 1]
8	誤りがなかった場合	[0, 1, 0, 0, 0, 0, 0]

$\mathbf{Hx^T = 0}$　より，

$$x_1 + \qquad\quad x_4 + x_5 + \qquad x_7 = 0 \quad (1)$$

$$x_2 + \qquad x_4 + \qquad x_6 + x_7 = 0 \quad (2)$$

$$x_3 + \qquad x_5 + x_6 + x_7 = 0 \quad (3)$$

上記の式は，「mod 2 を伴う加算と乗算」に従うものですので，①（ケース
8）は（2）が成り立ちません。②（ケース1）では（1）と（2）が成り立
ちません。③（ケース5）は（1)～(3）が成り立ちません。④（ケース2）は

すべて成り立ちます。⑤（ケース3）は（2）と（3）が成り立たちません。なお，ケース4は（1）が成り立ちません。ケース6は（3）が成り立ちません。ケース7は（1）と（3）が成り立ちません。

したがって，④（ケース2）だけが成立しますので，④が正解になります。

（5） マルコフ過程

マルコフ過程とは，次に起こる事象の確率が現在の状態によってのみ決定される確率過程のことです。実際の問題は複数の過程によって決定されますが，次に起こる事象が1つの過程から決定される場合を単純マルコフ過程といいます。出題される問題としては，単純マルコフ過程問題が考えられます。その典型的な例題を考えてみます。

例題
エルゴード性を持つ2元単純マルコフ情報源が，状態A，状態Bからなり，下図に示す遷移確率を持つとき，状態Aの定常確率 P_A と状態Bの定常確率 P_B を求めよ。

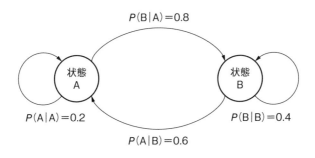

解答
この状態では，次の式が成り立ちます。

$$P_A = P(A/A)P_A + P(A/B)P_B \quad \cdots ①$$

$$P_B = P(B/A)P_A + P(B/B)P_B \quad \cdots ②$$

$$P_A + P_B = 1 \quad \cdots ③$$

$$P_A = 0.2P_A + 0.6P_B \quad \cdots ①'$$

$$P_B = 0.8P_A + 0.4P_B \quad \cdots ②'$$

$$P_B = 1 - P_A \qquad\qquad \cdots ③'$$

③' を①' に代入すると次のようになります。

$$P_A = 0.2P_A + 0.6(1 - P_A)$$

$$1.4P_A = 0.6$$

$$P_A = \frac{3}{7}$$

この P_A を③' に代入すると，P_B は次のようになります。

$$P_B = \frac{4}{7}$$

（6）　平均情報量（エントロピー）

情報量とは，ある事象が起きた時に伝達される情報の大きさで，単位はビットになります。情報量 $= -\log_2 P$［ビット］で表せます。具体的には，100 円玉を投げて表が出るときの情報量は，表が出る確率 $\left(P = \dfrac{1}{2}\right)$ を使って，次の式で求められます。

$$情報量 = -\log_2 \frac{1}{2} = -\log_2 2^{-1} = 1 \ ［ビット］$$

すべての事象の平均的な情報量を**平均情報量（エントロピー）**といいます。平均情報量（H）は，事象が起きる確率 P を使って，次の式で求められます。

$$H = -\sum (P \log_2 P)$$

具体的に硬貨を投げたときを例にして説明すると，硬貨を投げた際の平均情報量は，表が出る確率も裏が出る確率も $\dfrac{1}{2}$ ですので，次の式で求められます。

$$H = -\frac{1}{2}\log_2 \frac{1}{2} - \frac{1}{2}\log_2 \frac{1}{2} = \frac{1}{2} + \frac{1}{2} = 1 \ ［ビット］$$

第 5 章

電気設備

電気設備として技術士第二次試験の選択科目の内容として示されているものは，次のとおりです。

―電気設備―

> 建築電気設備，施設電気設備，工場電気設備その他の電気設備に係るシステム計画，設備計画，施工計画，施工設備及び運営に関する事項

実際の第一次試験および第二次試験では，受電設備，電源設備，幹線設備，照明設備，テレビ共同受信設備，動力・熱源設備，障害，電気設備技術基準などの内容が出題されています。それらの中から，特に重要な部分を重点的にまとめてみます。

1 受電設備

受電設備は，電力会社からの電力供給の受口となる電気設備です。そのシステムの計画方法によって，その施設における電力供給の信頼性に大きな影響を与えます。

（1） 開閉装置

電気回路を開閉するための装置を**開閉装置**と呼び，次に示すような機器があ

189

ります。

（a）　遮断器

遮断器は，電力系統や機器などの負荷電流を連続通電し，負荷電流が流れている電路の開閉を行うと同時に，短絡や地絡などの事故時には，事故電流を一定期間流すとともに，速やかに遮断する能力を備えています。通常時に連続して通じうる電流の限度を**定格電流**といい，事故時に遮断できる電流の限度を**定格遮断電流**といいます。そのため，定格電流，定格電圧，定格短時間電流，定格遮断時間，定格投入電流などが規格で定められています。その種類により，油遮断器（OCB），空気遮断器（ABB），磁気遮断器（MBB），真空遮断器（VCB），ガス遮断器（GCB），気中遮断器（ACB），配線用遮断器（MCCB）などがあります。

（b）　断路器

断路器は，正常時の負荷電流や異常時の短絡・地絡電流は通電できますが，負荷電流の開閉はできず，充電された電路の電圧だけを開閉できる装置です。

（c）　電力フューズ

電力フューズは，過負荷電流や短絡電流が流れた際に，溶断して電路を自動的に遮断します。継電器と遮断装置の能力をもっており，短絡除去時間が遮断器よりも速いのが特長です。ただし，繰り返しの使用はできません。

（2）　力率

交流の場合には，電圧と電流の間に位相差を生じる場合が多くあります。そのため，電力と呼ばれているものには，次の3つがあります。

① 　有効電力

有効電力は，実際の仕事に役立つ電力で，電流と電圧の積に力率を乗じたものです。

② 　無効電力

無効電力は，実際には仕事をせず，熱消費も伴わない電力です。

③ 皮相電力

皮相電力は，電圧の実効値とそのときの電流の実効値の積です。

これらを図示すると**図表 5.1.1** のようになります。

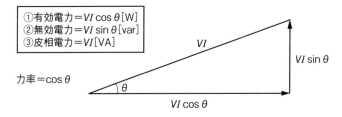

①有効電力＝$VI\cos\theta$[W]
②無効電力＝$VI\sin\theta$[var]
③皮相電力＝VI[VA]

力率＝$\cos\theta$

図表 5.1.1　交流電力と力率

　無効電力は有効な仕事には貢献しない電力であるため，無効電力の抑制が必要となります。無効電力を抑制する方法として，無効電流をコンデンサに流れる進み電流によって相殺する進相コンデンサの設置があります。**図表 5.1.2** に示すような容量が P [kW] の負荷の**力率**が $\cos\theta_1$ である場合に，力率を $\cos\theta_2$ にするのに必要なコンデンサの容量は，次のようになります。

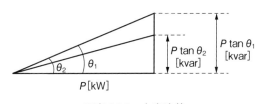

図表 5.1.2　力率改善

コンデンサ容量 $= P(\tan\theta_1 - \tan\theta_2)$

　無効電力が大きくなる負荷としては，誘導電動機，変圧器，整流器，誘導炉などがあります。そういった負荷が複数接続された場合の総合力率は，それぞれの無効電力を計算して，合計することにより求められます。その方法を具体的な例題で考えてみます。

> 例題
>
> 出力 300 kW，力率 0.7（遅れ）で運転する負荷 1 と出力 500 kW，力率 0.88（遅れ）で運転する負荷 2 とがある。負荷 1 と 2 を同時に運転した場合，総合力率はいくらか。

解答：

　負荷 1 と負荷 2 の無効電力を，$\tan^2 \theta + 1 = \dfrac{1}{\cos^2 \theta}$ の関係と，無効電力＝出力（有効電力）$\times \tan \theta$ を用いて求めると，次のようになります。

　負荷 1：出力＝300 kW，力率＝0.7 より，無効電力 ≒ 306［kvar］

　負荷 2：出力＝500 kW，力率＝0.88 より，無効電力 ≒ 270［kvar］

　これを合成すると，出力＝800 kW，無効電力 ≒ 576 kvar になります。これらを使って，力率を求めると次のようになります。

　$\tan \theta ≒ 576/800$ より，$\tan^2 \theta ≒ 0.5184$ ですので，$\cos^2 \theta ≒ 0.658$ です。よって，$\cos \theta ≒ 0.811$ となります。

（3）　スマートメーター

　スマートメーターとは，狭義には，電力会社等の検針や料金徴収業務に必要な双方向通信機能や遠隔開閉機能を有した電子式メーターです。また，広義には，エネルギー消費量などの「見える化」やホームマネジメントシステム機能等を有した電子式メーターとされています。スマートメーターが取得したデータを電力会社に送る通信ルートを A ルートといい，宅内に設置する **HEMS**（Home Energy Management System）に直接データを送るルートを B ルートといいます。さらに，A ルートで集めたデータを新電力やエネルギーサービスプロバイダーなどへ提供するルートを C ルートといいます。

2 電源設備

　電気設備の中にはさまざまな電源設備が使われています。自家用発電設備は，これまでは消防法などで定められた法的負荷（防災負荷）や，建物の機能を最低限確保する保安負荷をまかなうための，非常用電源としての計画が主に実施されてきました。しかし，最近ではデータセンターなどの重要負荷をまかなわなければならない施設においては，停電時の負荷容量が増えて，発電機が大型化してきています。大型の発電機を通常時に遊ばせておくのは投資効果の点で問題がありますので，それを常時利用する分散型電源として用いるケースが増えてきています。その場合においては，さらにエネルギー効率を高めた形でのコジェネレーションとしての計画が進められています。また，無停電電源設備や蓄電池設備などに加えて，非接触の給電設備も使用されるようになっています。

（1）　原動機
　自家用発電設備の原動機としては，ディーゼル機関，ガス機関，ガスタービンが用いられます。それらの特徴を比較してまとめると**図表 5.2.1** のようになります。これらの特徴を理解して，原動機の選定を行わなければなりません。
　なお，防災設備として使用できる非常用発電設備としては，ディーゼル，ガスタービンまたは同等以上の始動性能を有するものと消防法により定められています。また，少量危険物として指定数量が**図表 5.2.2** のように定められています。

（2）　コジェネレーション
　コジェネレーションは熱電併給発電と呼ばれており，発電で発生した熱を熱負荷へ供給して，熱も同時に利用する方式です。熱利用の総合効率は，**図表 5.2.3** に示すとおり，発電のみの効率と比べて大きく改善することができます。

図表 5.2.1　自家用発電設備に用いられる原動機の比較

項目	ディーゼル機関	ガス機関	ガスタービン
最大出力	10,000 kW 程度	5,000 kW 程度	10,000 kW 程度
燃料	軽油，A重油，灯油	都市ガス 13 A，LPG	灯油，軽油，A重油，都市ガス 13 A
発電効率	32～40%	25～35%	20～30%
部分負荷効率	最も良い	良い	最も悪い
始動時間	短い	短い	長い
振動	大（対策が必要）	大（対策が必要）	小
瞬時負荷投入率	低い	低い	高い
排ガス	すす等が発生	比較的クリーン	比較的クリーン
NOx	多い	多い	少ない
構造	簡単	簡単	複雑
冷却水	必要	必要	不要
保守費	安い	安い	高い

図表 5.2.2　少量危険物指定数量

物品名	品名（性質）	指定数量
ガソリン	第1石油類（非水溶性）	200 リットル
灯油	第2石油類（非水溶性）	1,000 リットル
軽油	第2石油類（非水溶性）	1,000 リットル
重油	第3石油類（非水溶性）	2,000 リットル

図表 5.2.3　原動機別の総合効率

項目	ディーゼル機関	ガス機関	ガスタービン	マイクロガスタービン
発電効率	32～40%	25～35%	20～30%	22～30%
総合効率	60～75%	65～80%	70～80%	70～85%

　コジェネレーションの運用方式としては，電力負荷に合わせてシステムを運用する**電主熱従運用**と，その逆に熱需要に合わせる**熱主電従運用**があります。一般的には電主熱従運用が行われており，ホテルや病院などの熱需要が多い施

設において積極的な利用が図られています。

　最近では，大規模な自家発電設備だけではなく，小規模な分散型電源を利用したコジェネレーションも注目されています。そういった例としては，燃料電池コジェネレーションやマイクロガスタービンを用いたコジェネレーションがあります。燃料電池については，第1章第5項（3）で示しましたので，ここでは割愛します。

　マイクロガスタービンとは，発電容量でおおよそ500 kW以下の低コスト発電をいいます。実際には，25～300 kWのものが使われています。技術的には，自動車用に量産されているターボチャージャーと，航空機用の補助発電機の要素技術を組み合わせて作られています。ディーゼルエンジンやガスエンジンに比べて，振動は小さく，小型軽量という特長を持っています。都市ガスが燃料として使える他に，排熱を利用できるので，都市型分散型電源として最適な発電技術といえます。

（3）　分散型電源と系統連系

　最近では，エネルギー源の多様化が推進されているため，分散型電源の利用が進められています。実用化されている分散型電源としては，燃料電池，太陽電池発電，風力発電，マイクロガスタービン発電などがあります。そういった分散型電源を単独で用いると，電源の信頼性や使いやすさの面で問題が発生する可能性が高くなります。そのために，電力系統との連系が欠かせません。分散型電源の中には直流電源も多く存在しますので，そういった電源の連系にはパワーコンディショナを用います。**パワーコンディショナ**は，直流を交流に変換するインバータ装置と，系統事故時にインバータを速やかに停止させる連系保護装置を合わせたものです。系統連系を行うためには，連系によって配電系統の供給信頼性や電力品質に悪影響を及ぼさないことが求められます。また，連系によって，作業者や公衆の安全を損なわないことや，配電系統の機器および他の需要家に悪影響を及ぼさないことも求められています。具体的には，単独運転防止対策については「電気設備技術基準解釈」に示されていますし，発

電機からの逆潮流による電圧変動や発電機解列時の電圧変動については，「電力品質確保に係る系統連系技術要件ガイドライン」に示されています。

（4）　無停電電源装置

　情報化社会においては，電力の信頼性が強く求められるため，瞬時電圧低下や瞬時停電などの事態に備えて，**無停電電源装置**（UPS：Uninterruptible Power Supply）の利用が行われています。UPS は，整流器，インバータおよび蓄電池より構成されており，商用電源の電圧変動や周波数変動を吸収して，定電圧・定周波数の安定した交流電源を提供する装置です。UPS の基本構成図は**図表 5.2.4** のとおりです。

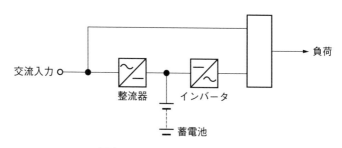

図表 5.2.4　UPS の基本構成図

　UPS を介した負荷への給電方式としては，下記の３つがあります。

　①　常時インバータ給電方式

　常時インバータ給電方式は，常時は交流を直流に整流した後に，インバータで交流に再変換して負荷へ供給する方式です。停電時には，蓄電池に蓄えた電力を，インバータを介して負荷に供給します。そのため，商用電源の電圧変動や周波数変動，ノイズなどの影響を受けない方式です。

　②　ラインインタラクティブ方式

　ラインインタラクティブ方式は，基本構造は常時インバータ方式と同じですが，AVR（電圧安定化）機能が付加されていますので，安定した電圧で負荷に電力を供給できます。商用電源の電圧または周波数が許容範囲から外れた場合

にはインバータから給電します。

③　常時商用給電方式

　常時商用給電方式は，通常運転時は，商用電源から負荷に供給し，同時に蓄電池に充電して停電時に備える方式です。商用電源の電圧または周波数が許容範囲から外れた場合には，インバータ側から給電します。UPS内部の消費電力は少ないですが，切り替え時に瞬断が発生します。

（5）　蓄電池設備

　蓄電池は，停電時に活用されるものですが，実際に必要な負荷を必要な時間動かせるだけの容量を持っていなければなりません。そのため蓄電池容量計算を行います。**図表5.2.5**のような放電時間と放電電流がわかった場合の計算は次のように行います。

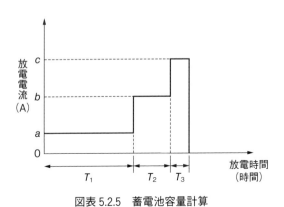

図表5.2.5　蓄電池容量計算

　保守率を L とし，蓄電池容量を C [Ah] とすると，次の式で蓄電池容量が求められます。

$$C = \frac{1}{L}(aT_1 + bT_2 + cT_3)$$

　具体的に例題で確認すると，次のようになります。

例題

あるビルの蓄電池設備計画では，次の 2 条件を満たすことが求められると
いう。第一に停電発生からその復旧までの所要時間を 1 時間とし，この間
の平均使用電力が 5 kW であること，また，第二に停電復旧後に復電に必
要な開閉器駆動に 50 kW の電力が必要で，これにかかる時間が 36 秒であ
ることである。この蓄電池に最低限必要な電流容量を求めよ。ただし，蓄
電池の定格電圧は 100 V で，保守率は 1 であるものとする。

解答：

停電時間の 1 時間には，5〔kW〕/100〔V〕= 50〔A〕の電流が必要です。また，開
閉器駆動の時間（36 秒）には，50〔kW〕/100〔V〕= 500〔A〕の電流が必要となり
ます。これらの条件から最低限必要な電流容量（アンペアアワー〔Ah〕）は，
次の計算式で求められます。

$$50 \text{〔A〕} \times 1 \text{〔h〕} + 500 \text{〔A〕} \times \frac{36}{60 \times 60} \text{〔h〕} = 50 + 5 = 55 \text{〔Ah〕}$$

（6）　非接触給電設備

非接触給電方式は，電圧がかかる端子部に触れることがないため，利便性，
安全性，保守性の面で優れており，さまざまな場面で用いられるようになって
います。非放射型の非接触給電方式には大きく磁気結合方式と電界結合方式が
あります。また，磁気結合方式には，電磁誘導方式と磁界共鳴方式があります。
それぞれの概要を下記に示します。

①　電磁誘導方式

電磁誘導方式は，**図表 5.2.6** に示すような構成で，送電側と受電側との間で
発生する誘導磁束を利用して電力を送電する方式です。回路構成は簡単で，小
型かつ低コストですが，伝送距離が短く，位置ずれの影響を受けやすいという
デメリットもあります。送電距離は 0.1～30 cm で，送電電力は数 W～150 kW，
効率は 85～95％です。

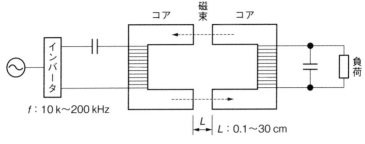

図表 5.2.6　電磁誘導方式

② 磁界共鳴方式

　磁界共鳴方式は，**図表 5.2.7** に示すような構成で，送信側と受信側の共振器を磁界共鳴させて，電力を伝送する方式です。送電距離は 10〜200 cm で，送電電力は 3 kW 以下，効率は 40〜95％です。磁界共鳴方式は，電磁誘導方式と比較して，利用する磁場が弱く，長い距離を電送できます。そのため，電気自動車の充電用途として期待されています。

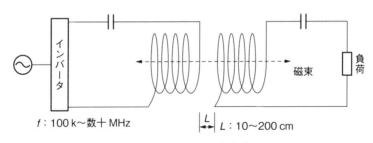

図表 5.2.7　磁界共鳴方式

③ 電界結合方式

　電界結合方式は，**図表 5.2.8** に示すように，送電側と受電側にそれぞれ電極を設置し，電極が近接したときにキャパシタを形成して，高い周波数で電界エネルギーを媒介にして，電気を相手方に流す仕組みになっています。送電距離は 0.1〜10 cm で，効率は 90〜97％です。短い送電距離の場合に用いられますが，位置ずれの影響を受けにくく，電極間に水が混入しても問題がなく，給電

部の発熱が少ないという特長を持っていますが，高電圧発生の変圧器の厚みが
大きくなるというデメリットもあります。

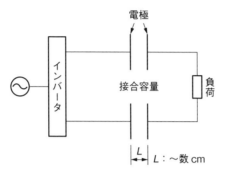

図表 5.2.8　電界結合方式

3　幹線設備

　施設内には，分散して照明や動力などの負荷設備が配置されています。そう
いった負荷に効率的かつ経済的に，しかも信頼性を高めながら給電するための
設備が幹線設備です。

（1）　幹線の種類
幹線の種類は，その使用目的により次の3つがあります。

（a）　動力幹線
動力幹線は，空調機やエレベータ，ポンプなどの動力設備に電力を供給する
幹線で，非常時に発電機から電力を供給する幹線を**非常用動力幹線**と呼び，そ
うではない一般的な動力負荷への幹線を**常用動力幹線**と呼びます。

（b）　電灯幹線
　電灯幹線は，照明やコンセントなどに電力を供給する幹線で，非常時に発電
機から電力を供給する幹線を**非常用電灯幹線**と呼び，そうではない一般的な電
灯負荷への幹線を**常用電灯幹線**と呼びます。

（c）　特殊用幹線

特殊用幹線は，特に信頼性を求められるような電算機用の幹線や，医療機関における手術室内などの医療用負荷に対する医療用幹線をいいます。

最近のオフィスビルや産業施設においては，幹線の障害による電力供給不能は企業の経済活動面で大きな痛手となるため，幹線方式においてもさまざまな工夫がなされています。幹線の二重化やループ状幹線の採用など，幹線故障の際の予備幹線計画も重要となってきています。

（2）　配電電圧

幹線には，その使用電圧によって次のようなものがあります。

（a）　特別高圧幹線

特別高圧幹線は，超高層ビルなどの大規模な施設において用いられ，幹線での電力損失を少なくするために，施設内に複数の特別高圧変電所を設け給電する場合に用いられます。

（b）　高圧幹線

高圧幹線は，高層ビルや化学プラントなどに用いられる方式で，主変電所と施設内の複数のサブ変電所との間を高圧幹線で結ぶ場合や，高圧動力負荷への電力供給時に用いられます。変圧器を多くの階に設置する高圧ループ幹線方式なども最近では多く用いられています。

（c）　低圧幹線

低圧幹線は，最も広く用いられている幹線方式で，100 V や 200 V の配電や**400 V 配電方式**などに用いられます。低圧配電方式の種類については，**図表5.3.1** のとおりです。

（3）　配線材料

配線材料として用いられているものには，バスダクトやケーブルがありますが，ここでは，幹線に用いられるケーブルだけではなく，一般的に用いられるケーブルを含めて説明を行います。

(a) 100 V 単相 2 線式

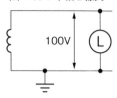

(b) 100/200 V 単相 3 線式

L：負荷, M：動力負荷
FL：照明負荷

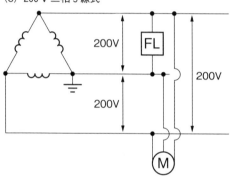

(c) 200 V 三相 3 線式

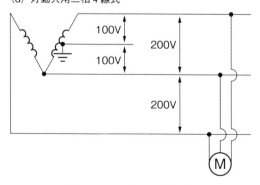

(d) 灯動共用三相 4 線式

図表 5.3.1　低圧配電方式

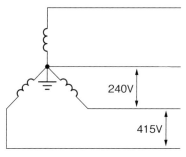

(e) 240/415 V 星形結線三相 4 線式

240V

415V

図表 5.3.1　低圧配電方式（つづき）

（a）　バスダクト

バスダクトは，低圧で大容量電流の配電に用いられます。基本的な構造は，金属性ダクトの中に導体となる銅板（バー）が絶縁体に支持されて収納されています。最近では銅板を耐熱性ポリエチレンで被覆したコンパクト形が多く採用されています。3 m 程度の直線バスダクトユニットをベースにして，直線部はそれを連結させながら設置します。曲がり部にはエルボ形式のバスダクトユニットなどを用います。

（b）　低インピーダンス平形架橋ポリエチレン絶縁ビニルシースケーブル

最近では，取り扱いが不便なバスダクトに代わって，**低インピーダンス平形架橋ポリエチレン絶縁ビニルシースケーブル**が用いられています。このケーブルは，複数の軟銅より線を並列に並べて，それを一括で絶縁処理したケーブルで，概観形状が平形になった単相ケーブルです。このケーブルは施工性と保守性に優れています。

（c）　架橋ポリエチレン絶縁ビニルシースケーブル（CV）

架橋ポリエチレン絶縁ビニルシースケーブル（CV）は，架橋ポリエチレンを絶縁体とし，シースとしてビニルを被覆した電力ケーブルで，6.6 kV 以下の配線用として用いられます。単心ケーブル3本をよりあわせたものを CVT と表示し，4本よりあわせたものを CVQ と表示します。

（d）　ビニル絶縁ビニルシースケーブル（VV）

ビニル絶縁ビニルシースケーブル（VV）は，軟銅の単線または同心より線を
ビニルで絶縁し，シースとしてビニルを被覆したケーブルで，600 V以下の配
線に用いられています。家屋の屋内配線として広く使用されており，取り扱い
が容易で，耐候性と耐熱性に優れているという特長を持っています。断面が丸
形になるようにシースを施したVVRと，線心を並列にして平形にシースを施
したVVFがあります。

（e）　600 Vビニル絶縁電線（IV，HIV）

600 Vビニル絶縁電線（IV）は，絶縁体として塩化ビニル樹脂で被覆しただ
けの単心絶縁電線で，屋内配線として用いられます。HIVは，耐熱性の良いコ
ンパウンドで絶縁した2種ビニル絶縁電線です。

（f）　耐火電線（FP）

耐火電線（FP）は，消防庁の規定で認定された電線で，30分間で840℃に達
する火災温度曲線の試験に合格した電線で，非常電源回路等に使用が認められ
ています。最近では，火災時の炎から発生する有毒ガスや煙の発生を抑制する，
高難燃ノンハロゲン耐火電線もあります。

（g）　耐熱電線（HP）

耐熱電線（HP）は，消防庁の規定で認定された電線で，15分間で380℃に達
する温度曲線で加熱される耐熱試験に合格した電線です。非常放送用スピーカ
や非常ベル起動装置等の操作回路に用いられます。

（h）　キャブタイヤケーブル

キャブタイヤケーブルは，移動用電気機器の電源回路などに使用される可と
うケーブルで，ゴムキャブタイヤケーブルとビニルキャブタイヤケーブルがあ
ります。細いすずめっき銅線をよって絶縁した線心を1本または複数束ねたも
のを，強靭なゴムを用いて外装したケーブルです。

（i）　EMケーブル

EMケーブルは，絶縁体や外装材にハロゲンや鉛を含まないケーブルです。
耐燃性ポリエチレンを用いており，従来のビニル電線と同等の性能を持ってい

ます。エコ電線とも呼ばれており，建築分野の環境負荷低減を目指して作られた電線です。官庁工事などにおいては，EMケーブルが引合い時に指定されるのが一般的になってきています。

（ j ）　MI（Mineral Insulated）ケーブル

MIケーブルは無機絶縁ケーブルで，導体を酸化マグネシウムなどの粉末で絶縁し，その外側を銅被したケーブルです。耐熱性，耐腐食性に優れたケーブルで，主に発電所や化学プラント等で使用されています。

（ k ）　アンダーカーペットケーブル

アンダーカーペットケーブルは，オフィス内の配線に用いられるフラットケーブルで，カーペットと床の間に布設されます。電線はテープ状に巻かれており，配線工事も短期間に行えるというメリットはありますが，重量物が通る場所には適してはいません。通常，布設時にケーブル上部（カーペット下）に金属製の保護板を置き上からの荷重からケーブルを保護します。

（ l ）　警報用ポリエチレン絶縁ビニルシースケーブル（AE）

警報用ポリエチレン絶縁ビニルシースケーブル（AE）は，消防庁の規定で認定されたケーブルで，火災報知設備の感知器の信号伝送回路に用いられます。

（m）　制御用ケーブル

制御用ケーブルは，発電所や工場などで機器の遠隔操作や自動制御の回路に使用されるケーブルです。種類として，**制御用ビニル絶縁ビニルシースケーブル（CVV）**，**制御用ポリエチレン絶縁ビニルシースケーブル（CEV）**，**制御用架橋ポリエチレン絶縁ビニルシースケーブル（CCV）**などがあります。

以上の配線材料は，露出配線が行われるだけではなく，電線管やケーブルラック，金属ダクトなどの電路材料を用いて配線されます。

4　照明設備

照明設備は，電気設備の中では重要な設備の1つです。快適な照明環境を実

現するために，JIS Z9110 で照度基準が定められています。

（1）　照明の基本用語

　照明には多くの基本用語がありますので，その意味を理解しておく必要があります。そういった基本用語の意味をここで確認しておきましょう。

（a）　放射束

　放射束は，単位時間にある面を通過する放射エネルギーの量をいいます。

（b）　光束

　光束とは，光源から放射された放射束を人の視覚で計った量で，単位は**ルーメン**［lm］になります。全光束とは，1 つの光源から 360° 方向に発散する光束の量です。ちなみに，太陽の光束は 4.3×10^{28} lm で，月の光束は 8×10^{16} lm になります。事務所等で広く使われている 40 ワットランプの光束は 3,000 lm 程度です。

（c）　光度

　光度は，点光源からある方向へ向かう光束を，単位立体角当たりに換算した値で，単位は**カンデラ**［cd］になります。ちなみに，太陽の光度は 3.15×10^{27} cd で，月の光度は 6.4×10^{15} cd になります。蛍光灯で一般的に使われる 40 ワットのランプの光度は 370 cd 程度です。

（d）　照度

　照度とは，被照面に入射した光束を単位面積に換算した値で，単位は**ルクス**［lx］になります。照明設計においては，水平面の平均照度をベースに行います。かつては，オフィスの一般的な基準照度が 500 lx でしたが，高齢社会を迎えた現代は，高齢者が若い人よりも高い照度を求めるために，700〜750 lx の照度で設計を行うケースが増えています。ちなみに，晴天の日向で 100,000 lx，日陰でも 10,000 lx 程度はありますので，昼光は照明光源としても有効な資源といえます。

（e）　輝度

　輝度は，光源や光の反射面のある 1 点から，ある方向に向かう光度を単位面

積当たりに換算した量で，単位は**カンデラ毎平方メートル**［cd/m²］になります。ちなみに，太陽の輝度は 2.24×10^9 cd/m² で，月の輝度は 3,400 cd/m² になります。事務所等で広く使われているランプの輝度は 6,000〜10,000 cd/m² 程度です。

（f） 色温度

外部から入射するすべての波長の放射を完全に吸収する物体である**黒体**を加熱すると，黒体は加熱温度によって違った光色を呈します。この加熱した黒体色と光源の光色が同じ時の黒体の加熱温度を，**色温度**として表します。単位は，**ケルビン**［K］になります。ちなみに，太陽の地表における色温度は 6,500 K で，満月の地表での色温度は 4,125 K になります。電球色ランプの色温度は 3,000 K 程度，温白色ランプの色温度は 3,500 K 程度，白色灯ランプの色温度は 4,200 K 程度で，昼白色ランプの色温度は 5,000 K 程度，昼光色ランプの色温度は 6,700 K 程度になります。

（2） 照明器具の配光

照明器具は，それぞれ配光特性を持っています。方向による光度分布を示したのが，**配光曲線**になります。その例を**図表 5.4.1** に示します。

（a） 直接照明方式

直接照明方式は，発散する光束の 90〜100％が，下方光束として直接に到達するような配光を持った照明器具による照明方式です。

（b） 半直接照明方式

半直接照明方式は，発散する光束の 60〜90％が，下方光束として直接に到達するような配光を持った照明器具による照明方式です。

（c） 全般拡散照明方式

全般拡散照明方式は，発散する光束の 40〜60％が，下方光束として直接に到達する配光を持った照明器具による照明方式です。

（d） 半間接照明方式

半間接照明方式は，発散する光束の 10〜40％が，下方光束として直接に到達

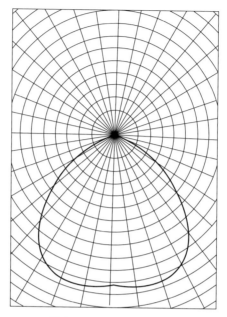

図表 5.4.1　配光曲線（例）

するような配光を持った照明器具による照明方式です。

（e）　間接照明方式

　間接照明方式は，発散する光束の0〜10％が，下方光束として直接に到達するような配光を持った照明器具による照明方式です。

（3）　照明器具配置による分類

　照明の配置によってその照明効果が変わってきますが，基本的に次の照明方式のどれかを用いて照明器具の配置計画を行います。

（a）　全般照明方式

　全般照明方式は，一般のオフィスで用いられているように，室内全体を一定の照度にする照明方式です。

（b）　局部照明方式

　局部照明方式は，工場などのように，人が作業を行う場所のみを明るくする

ために用いる照明方式です。

（c）　局部全般照明方式

局部全般照明方式は，全般的には一定の平均的な照度にしておき，細かな作業を行う場所だけを作業に必要な高い照度にする照明方式です。

（d）　タスク・アンビエント照明方式

タスク・アンビエント照明方式は，作業領域のみを専用の照明器具で局部照明を行い，それ以外の場所は間接照明を用いて，比較的低い照度に抑える照明方式です。

（4）　照度計算

照度計算の方法としては，逐点法と光束法があります。**逐点法**は，局部照明や非常照明の計算に用いられます。一般に事務所などに用いられる全般照明方式の場合の照度計算には，**光束法**が用いられます。

光束法で照度を求める式は次のとおりです。

$$E = \frac{FNUM}{A} \ [\mathrm{lx}]$$

E：平均照度［lx］

F：ランプ1本の光束［lm］

N：ランプ数（2灯用器具の場合には，$N = 2 \times$器具灯数）

U：**照明率**（照明器具の配光や室指数*1，天井・床・壁の反射率，器具効率で決まってくる数値で，メーカーが照明器具別に公表している表から選定する数値です。）

M：**保守率**（照明をある期間使った後に低下する照度を補正するための数字です。ランプの種類，照明器具の構造，使用環境，清掃状態によって変わり，1よりも小さな値となります。）

A：床面積［m²］

　*1：**室指数**は次の式で求めます。

$$室指数 = \frac{XY}{H(X+Y)}$$

X：室の間口，Y：室の奥行
H：作業面（机上面）から光源までの高さ

（5）　照明効果に関する用語

　照明効果に関する用語には，いくつか聞きなれない用語がありますので，覚えておくべき用語をいくつか説明します。

（a）　グレア

グレアとは簡単にいうとまぶしさのことで，輝度対比が強すぎてまぶしさを感じる場合をグレアといいます。グレアには，視野に高輝度の光源があって，目がくらむような場合の減能グレアと，心理的に不快と感じる不快グレアがあります。パソコンに照明器具が写りこみ，長時間作業で疲れを感じさせるような場合は不快グレアとなります。

（b）　プサリ（PSALI）

プサリは，昼光による照明だけでは不十分である場合に，それを補う目的で点灯される人工照明をいいます。

（c）　演色性

演色性とは，規定された光源による色の見え方と，ある光源による色の見え方を比較したもので，本来の色が見えるほど演色性が良いとされます。演色性の評価には演色評価数を用いますが，100 に近いほど演色性が良く，本来の色が見えるという評価をします。たとえば，道路灯に用いられるナトリウムランプに照らされた場合に，色が違って見える経験をした人は多いと思いますが，そういった場合には演色性が悪いといいます。

5　テレビ共同受信設備

　施設ではテレビの共同受信が行われており，放送電波を受信して，施設内に配信しています。その設備に用いられる機器として以下のようなものがあります（**図表 5.5.1** 参照）。

（a）　混合器

混合器は，2つ以上のアンテナで受信した電波を，電波の干渉なしに1本の出力端子にまとめる機器です。

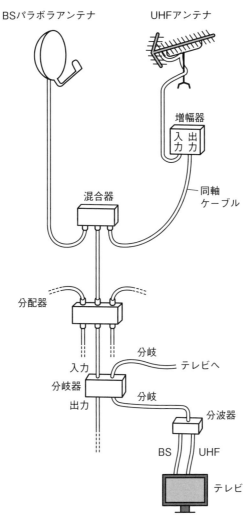

図表 5.5.1　テレビ共聴設備の構成（例）

（b）　増幅器

増幅器は，受信点の電界強度が低い場合に設置する機器で，アンテナ受信部や伝送路の損失が大きい場合に設置します。**ブースター**とも呼びます。

（c）　分波器

分波器は，1つの伝送路から入った信号を，特定周波数成分に分けて，複数の出力端子に出力する機器です

（d）　分配器

分配器は，入力した全伝送信号を等分に分けて配信する機器で，インピーダンス整合も行います。2分配器，4分配器，6分配器，8分配器があります。

（e）　分岐器

分岐器は，信号レベルの低い伝送幹線から信号を分岐させるときに用いられる機器です。

（f）　整合器

整合器は，分岐，分配，整合をまとめた機器で，**直列ユニット**とも呼びます。

6　動力・熱源設備

施設において最もエネルギー消費量の多い設備として，動力設備があります。そのため，動力設備設計においては，最適化設計が強く求められています。

（1）　電動機に関する計算式

動力設備では電動機が用いられています。電動機の始動方式については第2章第3項で説明しましたので省略します。ここでは，施設内で用いられる電動機の定格を求めるための式を確認しておきましょう。

（a）　ポンプの電動機出力 P〔kW〕の求め方

$$P = 9.8 \times \frac{\rho \mathrm{SQh}}{60\zeta}$$

定格出力 P〔kW〕，水の密度 ρ [t/m³]，安全率 S，水の流量 Q〔m³/min〕，

揚程 h〔m〕，ポンプ効率 ζ，

（b）　巻上機電動機入力 P〔kW〕の求め方

$$P = 9.8 \times (m - m_0) \frac{V}{60\eta} \times 10^2$$

電動機入力 P〔kW〕，最大積載荷重 m〔kg〕，平衡錘 m_0〔kg〕，
巻上速度 V〔m〕，装置効率 η

（c）　送風機の理論動力 P〔kW〕の求め方

$$P = 9.8 \times \frac{SQH}{60\eta}$$

定格出力 P〔kW〕，安全率 S，風量 Q〔m³/min〕，風圧 H〔kPa〕，
静圧効率 η

（d）　三相交流電動機の負荷電流の求め方

$$I = \frac{P}{\sqrt{3} \times V \times \cos\theta \times \eta}$$

電流 I〔A〕，電圧 V〔V〕，力率：$\cos\theta$，効率：η〔%〕，
電動機入力 P〔kW〕

具体的な数値で説明すると，次のようになります。

例題

三相200 V，40 kW の交流電動機が100％の負荷状態で運転されている時の
入力電流はいくらか。ただし，100％負荷時の効率 η を90％，力率を $\cos\theta$
＝0.92（遅れ）とする。

解答：

入力電流を I とすると次の式で電流値（I）は求められます。

$$I = \frac{40,000}{\sqrt{3} \times 200 \times 0.92 \times 0.9} \fallingdotseq 139.6 \ [\text{A}]$$

（2）　ヒートポンプ

　動力設備の中でもエネルギー消費が多いのが熱源設備であるため，その省エ
ネルギー化は強く望まれています。そのために，多く用いられるようになって
いるのが**ヒートポンプ**です。ヒートポンプは低温熱源から高温熱源に熱をくみ
上げる装置であるため，この名称が付けられています。ヒートポンプの原理は，
冷凍サイクルと同じです。低温部から高温部へ熱を汲み上げる例を図で示すと，
図 5.6.1 のようになります。

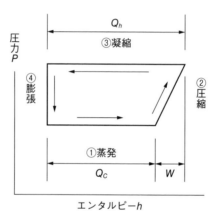

図表 5.6.1　ヒートポンプの基本サイクル

　①の蒸発工程では外部より熱を奪い，②の圧縮工程では圧縮が行われます。
その後，③の凝縮工程で熱を外部に放出し，④の膨張工程で減圧されます。そ
の後は①に戻って，連続的に繰り返され，大気中の熱をくみ上げて，高温熱源
とします。ヒートポンプの性能を示す指標としては，効果対エネルギー比の**成
績係数**（COP：Coefficient of Performance）を用います。成績係数は下記の式
で表わせます。

$$成績係数(COP) = \frac{機器の出力効果}{機器への入力エネルギー}$$

　エネルギーは大気中の熱をくみ上げるためにだけ使われるので，通常は，
COP は 1 よりも大きくなり，最近の空調機では COP が 5〜6 ぐらいの値になっ

ています。

（3）　配電線路の中性線欠相事故時の電圧

100/200 V 単相3線式（L_1, N, L_2）配電線路において，L_1-N 側に A kW（力率 1），L_2-N 側に B kW（力率 1）の負荷機器が接続されているとします。その状況において，中性線欠相事故が発生した場合にそれぞれの負荷にかかる電圧は，負荷容量の逆比でかかります。したがって，A 負荷にかかる電圧（V）は下記の式で求められます。

$$V = 200 \times \frac{A}{A+B}$$

$A = 1$ kW，$B = 0.5$ kW とした場合で計算してみると，下記のような数字になります。

$$V = \quad 200 \times \frac{1}{1+0.5} \fallingdotseq 133.3 \ [\text{V}]$$

（4）　電気自動車充電器

最近では，地球温暖化対策として，次世代自動車の普及が進められています。次世代自動車として電気自動車がありますが，その普及のためには，多くの充電器の設置が求められます。そのため，電気設備として電気自動車用の充電器を扱う場面も増えています。**電気自動車充電器**には大きく分けて普通充電器と急速充電器があります。普通充電器は単相 100/200 V の入力電圧で，電気自動車には 200 V で充電します。充電時間は 5〜7 時間ですので，家庭等への設置が行われています。自動車本体とは通信を行わない形式のものと行う形式のものがあります。一方，急速充電器は，三相 200 V の入力電圧で，出力電圧は最大 500 V の直流電圧となっており，30 分程度で 80 % 程度の充電が可能です。自動車本体とは通信を行って，充電の制御を行います。急速充電器は設備費用も高く，高圧電力を扱っている施設で設置できますので，商業施設や高速道路施設での利用が行われています。

7　障害

　電気設備を正常に稼働させるための障害として，電磁障害や高調波障害が問題とされます。

（1）　電磁障害

　電磁波は，多くの電気機器から副次的に発生されているだけではなく，電磁波自体を機能として使っている機器も多く存在します。また，自然界からも電磁波は発生しているため，電磁波を完全に除去するというわけにはいきません。ですから，電磁波が存在するという電磁環境を前提に，電気電子機器には電磁両立性（EMC）が求められています。電磁環境には多くの用語がありますので，それを紹介する形で内容を理解してもらいたいと思います。

（a）　電磁両立性（EMC：Electro Magnetic Compatibility）

　電磁両立性（EMC）は，装置またはシステムの存在する環境において，許容できないような電磁妨害をいかなるものにも与えず，かつ，その電磁環境において満足に機能するための装置またはシステムの能力と定義されています。

（b）　電磁妨害（EMI：Electro Magnetic Disturbance）

　電磁妨害（EMI）は，機器，装置，システムの性能を低下させる可能性があり，生物か無生物にかかわらず，すべてのものに悪影響を及ぼす可能性がある電磁現象をいいます。

（c）　電磁感受性（EMS：Electro Magnetic Susceptibility）

　電磁感受性（EMS）は，電磁妨害による機器，装置，システムの性能低下の発生のしやすさで，次に示すイミュニティの欠如を意味します。

（d）　イミュニティ

　イミュニティは，電磁妨害が存在する環境で，機器，装置，システムが性能低下せずに動作することができる能力で，**電磁耐性**ともいわれます。

（e）　電磁障害

電磁障害は，電磁妨害によって引き起こされる装置，伝送チャンネルまたはシステムの性能劣化です。

（f）　エミッション

エミッションは，ある発生源から電磁エネルギーが放出される現象です。

（g）　伝導妨害

伝導妨害は，電源系や信号系の導線を伝わって伝達される電磁妨害です。

（h）　放射妨害

放射妨害は，電磁波としてエネルギーが空間伝播をして発生する電磁妨害です。

（i）　シールド

シールドは，電子機器の電磁妨害対策の基本となるものです。その方法として，静電気シールド，磁気シールド，電磁シールドがあります。

（2）　高調波障害

高調波とは，基本周波数の整数倍の周波数の波であり，これが多くの電気機器に悪影響を及ぼします。最近では，可変速駆動電源や無停電電源などにパワーエレクトロニクスが普及した結果，高調波による電圧ひずみが大きくなり，高調波障害が増加してきています。

（a）　発生原因

高調波の発生原因として，次のようなものがあります。

- ①　半導体などのスイッチング素子
- ②　アーク炉などの不規則な変動電流機器
- ③　ひずみ波励磁電流を流す鉄心を持った機器

（b）　障害例

高調波による障害には，**図表5.7.1**に示すようなものがあります。

図表 5.7.1　高調波障害例

機器	障害の現象	障害の影響
変圧器，コンデンサ，リアクトル	過負荷，過熱，異常音発生	絶縁劣化，寿命短縮
電力量計	測定誤差	電流コイル焼損
過電流継電器	設定レベル誤差，不動作	電流コイル焼損
電力フューズ	過熱	溶断
電子応用機器	特定部品の過熱，誤動作	寿命低下
蛍光灯	コンデンサ，チョークの過熱	焼損
誘導電動機	二次側過熱，異常音発生，振動発生，効率低下	回転数の変動，寿命低下
同期機	振動発生，効率低下	寿命低下
無線受信機	特定部品の過熱，雑音発生	寿命低下

（c）　高調波障害対策

高調波障害による被害防止のための対策としては，次のような方法があります。

① 　直列リアクトルの耐量をアップする。

② 　力率改善コンデンサを低圧側に設置する。

③ 　高調波フィルタ（アクティブフィルタ，パッシブフィルタ）を設置する。

④ 　高調波検出装置を設置し，電路を遮断する。

8 　電気設備技術基準

電気設備技術基準では，電気設備設計や施工において重要な事項が多く定められています。

（1）　電圧

電圧については，電気設備技術基準の第2条に次の3区分が定められています。

① 低圧：直流にあっては 750 V 以下，交流にあっては 600 V 以下

② 高圧：直流にあっては 750 V を，交流にあっては 600 V を超え，7,000 V 以下のもの

③ 特別高圧：7,000 V を超えるもの

なお，低圧の標準電圧については，電気事業法施行規則第 44 条に，「その電気を供給する場所において標準電圧に応じ，次の値に維持すること」という定めがあり，次のような標準電圧を維持するように定められています。

ⓐ 標準電圧 100 V の際に維持すべき値：**101±6 V**

ⓑ 標準電圧 200 V の際に維持すべき値：**202±20 V**

さらに，電気設備技術基準・解釈第 143 条に屋内電路の対地電圧の制限が定められており，住宅の屋内電路の対地電圧は，**150 V 以下**と定められています。

（2） 安全・保護対策

人や設備の安全や保護対策に関しては，電気設備技術基準にいくつかの条文に分かれて示されていますので，それぞれの条文をここで示します。

（a） 電気設備における感電，火災等の防止（第 4 条）

『電気設備は，感電，火災その他人体に危害を及ぼし，又は物件に損傷を与えるおそれがないように施設しなければならない。』

（b） 過電流からの電線及び電気機械器具の保護対策（第 14 条）

『電路の必要な箇所には，過電流による過熱焼損から電線及び電気機械器具を保護し，かつ，火災の発生を防止できるよう，過電流遮断器を施設しなければならない。』

（c） 電線路等の感電又は火災の防止（第 20 条）

『電線路又は電車線路は，施設場所の状況及び電圧に応じ，感電又は火災のおそれがないように施設しなければならない。』

（d） 架空電線路の支持物の昇搭防止（第 24 条）

『架空電線路の支持物には，感電のおそれがないよう，取扱者以外の者が容易に昇搭できないように適切な措置を講じなければならない。』

（e）　電線による他の工作物等への危険の防止（第29条）

『電線路の電線又は電車線等は，他の工作物又は植物と接近し，又は交さする場合には，他の工作物又は植物を損傷するおそれがなく，かつ，接触，断線等によって生じる感電又は火災のおそれがないように施設しなければならない。』

（3）　離隔距離

電気工作物との離隔距離に関しては，電気設備技術基準・解釈に示されていますので，それぞれの条文をここで示します。

（a）　特別高圧架空電線と支持物との離隔距離（第89条）

電気設備技術基準・解釈第89条で，**図表 5.8.1** に示す離隔距離が定められています。

図表 5.8.1　特別高圧架空電線と支持物との離隔距離

使用電圧の区分	離隔距離
15,000 V 未満	0.15 m
15,000 V 以上 25,000 V 未満	0.2 m
25,000 V 以上 35,000 V 未満	0.25 m
35,000 V 以上 50,000 V 未満	0.3 m
50,000 V 以上 60,000 V 未満	0.35 m
60,000 V 以上 70,000 V 未満	0.4 m
70,000 V 以上 80,000 V 未満	0.45 m
80,000 V 以上 130,000 V 未満	0.65 m
130,000 V 以上 160,000 V 未満	0.9 m
160,000 V 以上 200,000 V 未満	1.1 m
200,000 V 以上 230,000 V 未満	1,3 m
230,000 V 以上	1,6 m

（b） 35,000 V 以下の特別高圧架空電線と工作物等との接近又は交差（電気設備技術基準・解釈第106条）

電気設備技術基準・解釈第106条で，**図表 5.8.2** に示す離隔距離が定められています

図表 5.8.2　特別高圧架空電線と建造物の造営物との離隔距離

架空電線の種類	区分	離隔距離
ケーブル	上部造営材の上方	1.2 m
	その他	0.5 m
特別高圧絶縁電線	上部造営材の上方	2.5 m
	人が建造物の外へ手を伸ばす又は身を乗り出すことなどができない部分	1 m
	その他	1.5 m
その他	全て	3 m

（4）　絶縁性能

電気設備技術基準の第58条に「低圧の電路の絶縁性能」が**図表 5.8.3** のように示されています。

図表 5.8.3　電路の使用電圧区分と絶縁抵抗値

電路の使用電圧の区分		絶縁抵抗値
300 V 以下	対地電圧（接地式電路においては電線と大地との間の電圧，非接地式電路においては電線間の電圧をいう，以下同じ）が 150 V 以下の場合	0.1 MΩ
	その他の場合	0.2 MΩ
300 V を超えるもの		0.4 MΩ

（5）　接地

電気設備技術基準・解釈の第17条には，**図表 5.8.4** に示すような接地工事の種類が定められています。

図表 5.8.4　接地工事の種類

接地工事の種類と適用	接地抵抗値
A 種接地工事 高圧や特別高圧用の鉄台および金属製外箱への接地	10 Ω 以下
B 種接地工事	変圧器の高圧側又は特別高圧側の電路の 1 線地絡電流のアンペア数で 150（変圧器の高圧側の電路又は使用電圧が 35,000 V 以下の特別高圧側の電路と低圧側の電路との混触により低圧電路の対地電圧が 150 V を超えた場合に，1 秒を超え 2 秒以内に自動的に高圧電路又は使用電圧が 35,000 V 以下の特別高圧電路を遮断する装置を設けるときは 300，1 秒以内に自動的に高圧電路又は使用電圧が 35,000 V 以下の特別高圧電路を遮断する装置を設けるときは 600）を除した値に等しいオーム数以下
C 種接地工事 300 V を超える低圧用の鉄台および金属製外箱への接地	10 Ω 以下（低圧電路において，当該電路に地絡を生じた場合に 0.5 秒以内に自動的に電路を遮断する装置を施設するときは 500 Ω 以下）
D 種接地工事 300 V 以下の低圧用の鉄台および金属製外箱への接地	100 Ω 以下（低圧電路において当該電路に地絡を生じた場合に 0.5 秒以内に電路を遮断する装置を施設するときは 500 Ω 以下）

　上記の A 種，C 種，D 種接地工事は，電気機器などの金属外装部などの非充電部に施す接地工事であり，B 種接地工事は，変圧器の低圧電路自体に施す接地工事であることがわかります。

　また，電気設備技術基準・解釈の第 19 条には，「保安上又は機能上必要な場合における電路の接地」という項目があり，次のような内容が示されています。『電路の保護装置の確実な動作の確保，異常電圧の抑制又は対地電圧の低下を図るために必要な場合は，（中略），次の各号に掲げる場所に接地を施すことができる。』

　① 　電路の中性点
　② 　特別高圧の直流電路
　③ 　燃料電池の電路又はこれに接続する直流電路

（6）　遮断時間

電気設備技術基準・解釈第33条に「低圧電路に施設する過電流遮断器の性能等」という項目があり，配線用遮断器の適合条件が**図表5.8.5**のとおり定められています。

図表5.8.5　電気設備技術基準・解釈　33-2表

定格電流の区分	時間	
	定格電流の1.25倍の電流を通じた場合	定格電流の2倍の電流を通じた場合
30 A 以下	60分	2分
30 A を超え 50 A 以下	60分	4分
50 A を超え 100 A 以下	120分	6分
100 A を超え 225 A 以下	120分	8分
225 A を超え 400 A 以下	120分	10分
400 A を超え 600 A 以下	120分	12分
600 A を超え 800 A 以下	120分	14分
800 A を超え 1,000 A 以下	120分	16分
1,000 A を超え 1,200 A 以下	120分	18分
1,200 A を超え 1,600 A 以下	120分	20分
1,600 A を超え 2,000 A 以下	120分	22分
2,000 A 超過	120分	24分

（7）　低圧幹線の許容電流

低圧幹線の許容電流は，電気設備技術基準・解釈第148条で，次のように定められています。

電動機負荷定格電流の和＞電熱負荷定格電流の和の場合

① 電動機の定格電流の合計が 50 A 以下の場合

$I \geqq$ 電熱負荷定格電流の和＋1.25×電動機負荷定格電流の和

② 電動機の定格電流の合計が 50 A を超える場合

$I \geqq$ 電熱負荷定格電流の和＋1.1×電動機負荷定格電流の和

例）電動機定格負荷電流の和が 60 A で，電熱負荷定格電流の和が 40 A の場
　　合の許容電流を求めよ。

この場合には，②に相当しますので，

$$I \geqq 40 + 1.1 \times 60 = 106 \ [A]$$

したがって，106 A 以上となります。

おわりに

　著者が技術士第二次試験に合格した頃には，技術士試験に関する書籍は全技術部門を対象に出版されている年度版の過去問題集くらいしかありませんでした。そのため，受験勉強には苦労したという思いがあり，合格後に技術士試験の指導を積極的に行ってきました。受験指導を始めて15年近く経った平成17年に，それまでに受験者への指導や模擬試験問題作成のために作成していたサブノートを整理して1冊の本としてまとめてみようと考え，本著の初版が出版されました。その書籍が，多くの受験者や技術士に愛用される書籍となり，思いがけず第4版を出版させていただける機会を得たのは，技術者教育を続けている者として，大変恵まれていると考えています。

　また，これまで数多くの種類の技術士試験対策本を出版してきましたが，それらの出発点ともいえる書籍が本著になります。初版制作時には，もともと自分自身のために知識ベースとしてまとめていたサブノートを土台としましたので，それを他の人に読んでもらえるものとするためには，多くの文献を再度調査しなければなりませんでした。また，新しい内容を加えなければならない項目もあり，想定していた以上に時間がかかりました。しかし，それが個人的には多くの内容を復習する機会となり，本当に良い勉強をさせてもらったと，今でも感謝しております。初版の出版後に，技術士試験は平成19年度試験制度改正，平成25年度試験制度改正，令和元年度試験改正という3度の大改正を経ています。今回の改訂では，第二次試験が記述式のみの試験になったため，専門知識問題（選択科目（Ⅱ-1））に対して新たな項目を加えるとともに，第二次試験から択一式問題がなくなったため出題されなくなると考える内容を削除しました。内容を吟味する際には，どこまで深く書くべきなのかとか，今後の出題を想定して少し広い範囲までを書きたいと思い悩む部分もありました。また，書き終わってからも，この項目を加えるべきだったかなと考える部分もあり，

おわりに

　未だに完成度の点では十分に満足したというところまでは至りません。しかし，技術士第二次試験の専門知識問題では，基本的に汎用的な専門知識と技術部門の新技術等に関する専門知識について出題されている点を考えると，あくまでも知識データベースの最終形を完成することはできないと考え直し，筆を置く決心をしました。

　なお，本著を再度見直してみて感じたのは，電気電子部門の専門知識範囲は果てしなく広く，しかも社会に大きな貢献をしている技術が多くあるという点でした。また，整理したキーワードの中には，最近の新技術や社会変化に必要なものが多いという点も強く感じました。技術士となるには，やはりそれらのキーワードをしっかりと理解していなければならないため，試験委員もそういった内容をしっかり選んで出題しているのだなと，痛切に感じました。

　最後に，読者の中から多くの方が合格を勝ち取り，電気電子部門の技術士や修習技術者となられ，日本技術士会等で開催される例会（勉強会）や見学会でお会いできることを期待しております。

2020 年 1 月

福田　遵

キーワード索引（修得度チェック用）

さ　行

た　行

な 行

記号・数字

欧文

福田 遵（ふくだ じゅん）

技術士（総合技術監理部門，電気電子部門）
1979 年 3 月東京工業大学工学部電気・電子工学科卒業
同年 4 月千代田化工建設㈱入社
2002 年 10 月アマノ㈱入社
2013 年 4 月アマノメンテナンスエンジニアリング㈱副社長
公益社団法人日本技術士会青年技術士懇談会代表幹事，企業内技術士委員会委員，神奈
川県技術士会修習委員会委員などを歴任
学会：日本技術士会，電気学会，電気設備学会会員
資格：技術士（総合技術監理部門，電気電子部門），エネルギー管理士，監理技術者（電
気，電気通信），宅地建物取引主任者，ファシリティマネジャー等
著書：『技術士第一次試験「電気電子部門」択一式問題 200 選　第 5 版』，『技術士第一次
試験「基礎科目」標準テキスト　第 3 版』，『技術士第一次試験「基礎科目」厳選問題 150
選』，『技術士第一次試験「適性科目」標準テキスト』，『例題練習で身につく技術士第二次
試験論文の書き方　第 5 版』，『技術士第二次試験「電気電子部門」要点と＜論文試験＞解
答例』，『技術士第二次試験「口頭試験」受験必修ガイド　第 5 版』，『技術士第二次試験
「総合技術監理部門」標準テキスト』，『技術士第二次試験「総合技術監理部門」択一式問
題 150 選＆論文試験対策』，『トコトンやさしい電気設備の本』，『トコトンやさしい発電・
送電の本』，『トコトンやさしい熱利用の本』（日刊工業新聞社）等

技術士（第一次・第二次）試験「電気電子部門」
受験必修テキスト　第 4 版　　　　　　　NDC 507.3

2005 年 6 月 24 日　　初版 1 刷発行　　　　　（定価は，カバーに
2008 年 4 月 17 日　　初版 2 刷発行　　　　　　表示してあります）
2009 年 1 月 21 日　　第 2 版 1 刷発行
2015 年 1 月 15 日　　第 3 版 1 刷発行
2020 年 2 月 14 日　　第 4 版 1 刷発行

　　　　　　　　　　　Ⓒ著　者　福　田　　　遵
　　　　　　　　　　　　発 行 者　井　水　治　博
　　　　　　　　　　　　発 行 所　日 刊 工 業 新 聞 社
　　　　　　　　　　　東京都中央区日本橋小網町 14-1
　　　　　　　　　　　　　　　（郵便番号 103-8548）
　　　　　　　　　　　電話　書籍編集部　03-5644-7490
　　　　　　　　　　　　　　販売・管理部　03-5644-7410
　　　　　　　　　　　　　　FAX　03-5644-7400
　　　　　　　　　　　振替口座　00190-2-186076
　　　　　　　　　　　URL　http://pub.nikkan.co.jp/
　　　　　　　　　　　e-mail　info@media.nikkan.co.jp

　　　　　　　　　　　印刷・製本　美研プリンティング

落丁・乱丁本はお取り替えいたします。　　　　2020 Printed in Japan
　　　　ISBN 978-4-526-08037-1　C3054
　　本書の無断複写は，著作権法上での例外を除き，禁じられています。